4 Infoausstellung Sundische Wiese
5 Kranich-Informationszentrum
6 Infoausstellung Barhöft
7 Nationalparkhaus Hiddensee
8 Infoausstellung Waase
9 Infohütte Bug
Beobachtungsmöglichkeit
Nationalpark Vorpommersche Boddenlandschaft (Schutzzone)

RICO NESTMANN

KRANICHE

Graue Tänzer an Bodden und Meer

RICO NESTMANN

KRANICHE

Graue Tänzer an Bodden und Meer

DEMMLER VERLAG

Titelfoto: Kranichpaar beim Balztanz
Rücktitelfotos v. l.: Abfliegender Kranich, Kraniche im Morgenrot, Kranichmutter mit Küken

Foto auf Seite 2: Kranichporträt
Foto rechts: Kranichmännchen beim Parademarsch
Illustration Seite 1: Karsten Peter
Karte Vorsatz / Grafik Nachsatz: Uwe Schwarz

Bibliographische Informationen der Deutschen Nationalbibliothek:
Die Deutsche Nationalbibliothek verzeichnet diese Publikation in der Deutschen Nationalbibliographie. Detaillierte bibliographische Daten sind im Internet abrufbar unter:
http://dnb.ddb.de

Demmler Verlag GmbH
Rico Nestmann
Kraniche – Graue Tänzer an Bodden und Meer
Fotografien und Texte: Rico Nestmann
www.nestmanns-foto.de

An der Bäderstraße 7c
18311 Ribnitz-Damgarten
Telefon: 03821 / 706397
Telefax: 03821 / 708876
info@demmlerverlag.de
www.demmlerverlag.de

Grafische Gestaltung, Satz und Layout:
Matthias Krempien, Graphikdesigner (HBFS)
Druck und Verarbeitung:
optimal media GmbH, Röbel
1. Auflage 2016
ISBN 978-3-944102-14-6

INHALT

VORWORT

Kraniche gehören zu den faszinierendsten Vögeln weltweit. Wegen ihrer eleganten und geheimnisvollen Tänze, ihrer weithin hörbaren trompetenartigen Rufe, ihrer meist lebenslangen Partnerschaft, Schönheit und Größe hat der Mensch eine besondere Beziehung zu den einzigartigen Kranichen entwickelt. So verwundert es nicht, dass auch der Naturfreund Rico Nestmann seit Jahren der mystischen Anziehungskraft der Vögel des Glücks verfallen ist. Nicht einmal die majestätischen Adler verkörpern die Sehnsucht des Menschen vom Traum des Fliegens so grandios, wie die in großen Formationen ziehenden Kraniche. Folgen Sie dem begnadeten und international renommierten Naturfotografen Rico Nestmann auf eine Reise mit den Kranichen durch Europa. Besuchen sie die charismatischen Kraniche am Hornborga See, wenn sie nach einem langen kalten Winter die wärmende Sonne Südspaniens mit in den hohen Norden bringen und die lang ersehnte mildere Jahreszeit einläuten. Oder tauchen sie ein, in die geheimnisvolle Kinderstube in den verwunschenen Mooren und Erlenbrüchen Mecklenburg-Vorpommerns während der Jungenaufzucht. In seiner Heimat, in der Region „Fischland-Darß-Zingst und Rügen", hat der Autor während der Rast die spektakulären großen Ansammlungen am Bodden der Ostseeküste eingefangen.

Kraniche gelten auch als Botschafter für den Frieden und für einen erfolgreichen Naturschutz. So stehen die Glücksvögel heute dank eines positiven Bestandstrends in Deutschland auch nicht mehr auf der Roten Liste der bedrohten Tierarten. Aufgrund einer sich ständig und immer schneller ändernden Umwelt müssen die Schutzbemühungen aber weiter gehen. Von besonderer Bedeutung sind hier vor allem der Schutz der Feuchtgebiete, da diese für Kraniche während der Fortpflanzungsperiode, während des Zuges, der Rast und Überwinterung obligatorisch sind sowie eine entsprechende Umweltbildung. Möge dieses schöne Buch einen Beitrag dazu leisten. Dem Kranich eine sichere Brutheimat sowie störungsfreie Sammel- und Rastplätze in Deutschland zu erhalten und zum internationalen Kranichschutz beizutragen ist das Ziel der Arbeitsgemeinschaft Kranichschutz Deutschland, die 1991 von ost- und westdeutschen Kranichschützern gemeinsam mit der Lufthansa Umweltförderung ins Leben gerufen wurde. 1996 wurde zusätzlich die gemeinnützige Kranichschutz Deutschland GmbH mit dem NABU und dem WWF als Gesellschafter gegründet. Der Kranich-Enthusiast Rico Nestmann ist Mitglied der Arbeitsgemeinschaft und aktiv im Kranichschutz tätig.
Ich wünsche dem vorliegenden Band zahllose Leserinnen und Leser – die Welt der Kranichfreunde wird durch dieses faszinierende Buch auf jeden Fall wachsen.

Dr. Günter Nowald
Geschäftsführer Kranichschutz
Deutschland gGmbH
Leiter des Kranich-Informationzentrums
Groß Mohrdorf

VÖGEL DES GLÜCKS

Kraniche sind mit ihrer Größe, Anmut und Schönheit, mit ihrem wilden und ungezügelten Temperament eindringliche Sinnbilder für die Kostbarkeit der Natur auf unserer Erde. Der Schutz der Kraniche bewahrt zugleich eine Vielzahl anderer Tier- und Pflanzenarten sowie die Reinheit von Wasser, Boden und Luft in den ausgedehnten Territorien dieser wundervollen Vögel. Da die meisten Kranicharten von ihren Aktionsradien her Kosmopoliten sind, bieten sie gute Ansatzmöglichkeiten für einen länderübergreifenden Natur- und Artenschutz, um gegen die oftmals kümmerlichen, opportunistischen und zerstörerischen Visionen von Politik und Wirtschaft zu protestieren.

„Wer einen Kranich sieht, hat Glück. Wer einen Kranich tanzen sieht, hat doppelt Glück!“

Dieses Sprichwort aus dem fernen Sibirien bringt die besondere Verehrung der Menschen für die Kraniche zum Ausdruck. Eine Verehrung, die sich durch viele Länder und – ausgenommen Südamerika und Antarktis – über alle Kontinente der Erde zieht. Rund um den Globus gibt es 15 Kranicharten, die sich weltweit in die Herzen der Menschen getanzt, gesprungen und gesungen haben. Dichter, Maler, Bildhauer, Fotografen – kreative Köpfe unterschiedlicher Stilrichtungen zeitgenössischer und moderner Kunst haben sich während einer oder mehrerer Schaffensperioden dem Kranich gewidmet. So finden sich malerische und figurative Darstellungen des Kranichs in bedeutenden Ausstellungen und Werkschauen – gehören geschriebene und publizierte Wörter zum umfangreichen Schatz der Weltliteratur. Kraniche finden sich in Wappen und auf Hoheitszeichen wieder, zieren Kirchentüren, Münzen und Geldscheine.

Glücksbringer

„Vögel des Glücks“ – ein Begriff, der besonders in Europa untrennbar mit den Graukranichen verbunden ist. Lange Zeit war nicht genau bekannt, woher dieser Begriff kommt. Inzwischen ist das Geheimnis um diese poetische Redewendung gelüftet. Der Begriff stammt aus Skandinavien – genauer aus Schweden. Im Vergleich zu den weiter südlich gelegenen Gebieten in Europa, die die Kraniche auf ihren Wanderungen besuchen oder in denen sie brüten und ihre Jungen aufziehen, präsentieren sich die nördlichen Landstriche im Winter kalt, rau und dunkel. Mit den dorthin im Frühjahr zurückkehrenden Kranichen kehren für die Menschen des Nordens seit jeher auch die Wärme, das Licht und die Nahrungsfülle zurück. Die Kraniche bringen den Menschen die Lebensfreude und das Glück. Der Kranich gilt so seit Langem auch als ein Symbol für den Frühling.

Auge in Auge mit dem wunderbaren Kranich. ▶

Am Morgen starten die Kraniche in einen neuen Tag. ▶▶

Mythologie

Seit jeher hat der Mensch eine besondere Beziehung zum Kranich. Die eleganten Schreitvögel galten schon immer als Bindeglied zwischen Himmel und Erde. Weil Kraniche bei ihren Wanderungen manchmal über 1.000 Meter hoch fliegen und sich so den Blicken der Menschen entziehen, nehmen sie in den früheren Legenden der Völker einen fast heiligen Stellenwert ein. Kraniche gelten als Boten und Verkünder der höchsten Himmel. In einer Erzählung der Cree-Indianer trägt der Kranich das Kaninchen zum Mond empor. Äsop preist die einzigartige Fähigkeit des Kranichs, sich über die Wolken in die endlosen Weiten zu erheben und die Wunder der Himmel genauso zu schauen wie die der Erde darunter mit ihren Meeren, Seen und Flüssen – so weit das Auge reicht. Sowohl Homer als auch Aristoteles schrieben über große Kranichzüge. Überall dort, wo Kraniche auftauchten, gibt es Erzählungen und Mythen über diese Vögel, die seit uralten Zeiten für Langlebigkeit, Glück, für Harmonie und Treue stehen. In der Antike werden Himmelsstürmer üblicherweise auf einem Kranich reitend dargestellt, oder sie nahmen selbst die majestätische Gestalt des Kranichs für ihren Weg in die Wolken der Unsterblichkeit an.

Etwas Besonderes in den Überlieferungen ist der sogenannte „Wächterkranich". Dieser Kranich hält in den Zehen des linken Beins, das der Vogel in leicht angehobener, gebeugter Haltung präsentiert, einen Stein. Der Legende nach bewacht dieser Vogel den Schlaf seiner Kameraden. Wenn den wachhabenden Kranich der Schlaf doch übermannen sollte, plumpst der Stein ins Wasser und weckt ihn und seine Artgenossen umgehend auf. Der Wächterkranich ist zudem ein Symbol für die Hilfe der Schwächeren durch die Stärkeren. In Mecklenburg-Vorpommern finden sich diese Symbole von Wächterkranichen auf zwei Türflügeln der Heiligen-Geist-Kirche zu Wismar. Drei mecklenburgische Adelsfamilien führten den Wächterkranich in ihrem Wappen – beispielsweise von ***Fabrice, Stammsitz Roggendorf, von Schulz-Hausmann, Mecklenburg-Strelitz.*** Auch Glasmarken, die zur Wiedererkennung der Produzenten vom 17. bis 19. Jahrhundert dienten, trugen den Wächterkranich als Symbol.

Verehrung

Rund um den Erdball ranken sich Legenden und Mythen um die heute streng geschützten Kraniche. Das spiegelt sich in Gedichten, Sagen und Geschichten in vielen Kulturen auf dieser Welt wider. Nahezu in jedem Land existieren Fabeln und Überlieferungen über den Kranich. Häufig versucht der Mensch aus den Verhaltensweisen der Kraniche Rückschlüsse auf sein eigenes Leben zu ziehen oder Voraussagen abzuleiten. So wurde beispielsweise im Jahre 1880 in Deutschland niedergeschrieben: *„Wenn in Mecklenburg Kraniche mit Geschrei ein Haus umkreisen, gibt es darin bald eine Braut."*

Kraniche erfreuen das Auge des Betrachters mit Anmut, Grazie und Eleganz. Wenn die großen Schreitvögel einen Zwischenstopp im küstennahen Wiesen- und Weideland einlegen, bringen sie nicht nur beeindruckende Luftsprünge, sondern auch schöne und würdevolle Tanzfiguren auf der Bühne der Natur zur Aufführung. Die Vögel drücken so ihre Lebensfreude aus und wollen damit gleichzeitig ihre Artgenossen in der Nähe beeindrucken. ▶

Als Sinnbild der Wachsamkeit wurde der Kranich im deutschen Kulturraum von Albrecht Dürer bis Wilhelm Busch gewürdigt. Zumeist mit positiven Eigenschaften belegt, treten Kraniche in alten Volksmärchen und Überlieferungen als Verkünder von Geburten und Hochzeiten, aber auch von Krieg und Tod in Erscheinung. Auch als Wetterpropheten billigten die Menschen diesen stolzen Vögeln Kompetenz zu, wobei das Zug- und Rastverhalten der Kraniche tatsächlich ein Indikator für Witterungstendenzen ist.

Den größten Raum in der Gedankenwelt sowie im Tun und Handeln der Menschen nehmen diese eleganten Vögel bis heute in Asien ein. In *China* gelten die Kraniche als göttliche Boten des Himmels. Fürst Yi betrachtete die Kraniche in China wie hochgeschätzte Gäste. Das ist in der Geschichte der sogenannten Frühlings- und Herbstperiode (770 bis 476 vor Christi) überliefert. Auf seinen Fahrten durch den chinesischen Staat Wei wollte der Herrscher nicht auf seine gefiederten Begleiter verzichten. Die Kraniche wurden in Senften getragen, erhielten beste Kost, Pflege und sogar „Gehalt". Die Vögel hatten denselben Rang wie Beamte – selbst Generäle gab es unter ihnen. Den Soldaten missfiel diese Behandlung sehr. Als es zu einem Krieg gegen den Stamm der Di kommen sollte, verwiesen die Soldaten ihren Fürsten auf die Kraniche. Sie möge er an ihrer Stelle in den Kampf schicken.

In *Korea* haben Kraniche wegen ihrer göttlichen Heiligkeit ebenfalls einen besonderen Rang. Deshalb verschicken die Menschen dort ihre Neujahrsgrüße mit Motiven der gefiederten Glücksbringer.

In *Japan* gilt der weiße Kranich nicht nur als Verkörperung der Unsterblichkeit, sondern auch als Bindeglied zwischen Leben und Tod sowie als Garant für ein langes, glückliches Leben.

Eine wunderbare Geschichte in Zusammenhang mit Kranichen erzählen sich die Menschen bis heute in *Indonesien* über die Entstehung der Erde. Der Kranich war das erste Lebewesen. Er saß auf einem Felsen im Meer, der ihn geboren hatte. Die dabei vergossenen Schweißtropfen ließen die Göttin Lumi-muut entstehen. Ihr erzählte der Kranich, dass es ein ursprüngliches Land gäbe, von dem sie sich zwei Handvoll Erde holen und auf den Felsen streuen sollte. Das befolgte die Göttin, und so entstanden alle anderen Lebewesen der Erde.

Kraniche starten gegen den Wind ... ▶

... und landen mit eleganten Schritten. ▼

In *Indien* wird der Saruskranich als heiliger Vogel Vishnus verehrt. Er ist einer der Hauptgötter neben Shiva und Krishna. Es wird vermutet, dass sein legendärer Ruf in anderen Ländern vor allem von Indien aus ging und durch die Verbreitung des Buddhismus seinen bedeutenden Platz in der Mythologie erhielt.

Für die Ureinwohner in *Australien* verkörperte der Brolgakranich einst die schöne junge Tänzerin Buralga. Ein Zauberer, der bei dem Mädchen abgeblitzt war, verwandelte Buralga mithilfe einer Staubwolke in einen Kranich. Was er nicht verwandeln konnte, war ihre Lust am Tanz und dessen kunstvolle Beherrschung.

In Afrika ranken sich Legenden um den tanzfreudigen Kronenkranich. So wurde aus dem *Tschad* eine Geschichte erzählt, in der sich ein Kronenkranichweibchen einer Rhesusäffin erwehren musste, die ihr die Gunst des Häuptlings neidete.

Auch im alten *Ägypten* traten die Menschen den Kranichen, der hier auch als „Sonnenvogel" verehrt wird, mit großer Wertschätzung entgegen. So ritzten Steinmetze den kultisch verehrten Vogel schon vor mehr als 4.000 Jahren auf königliche Grabplatten. Die Kraniche spielten als Opfergaben für die Götter eine bedeutende Rolle.

Nahezu überall auf der Welt beschäftigten sich die alten Kulturen intensiv mit dem Kranich – auch fasziniert vom Phänomen seines Zugverhaltens. Dabei kamen die Menschen zu recht abenteuerlichen Theorien – etwa wenn sie annahmen, dass die Tiere auf ihrem Weg nach Süden allerhand kleine Vögel in ihrem Gefieder mitreisen ließen oder beim Flug größere Steine mit sich führten, um ein Abtreiben bei starkem Wind zu vermeiden.

In der Gemeinschaft der Kraniche gibt es einerseits Vögel, die mit dem Fressen beschäftigt sind – andererseits Vögel, die die Absicherung der Gruppe übernehmen. Aus diesem Grund verbünden sich die sonst heimlich lebenden Vögel auf dem Zug zu großen Schwärmen. ▲

Wenn die Kraniche im zeitigen Frühjahr den Weg ins Brutgebiet zurücklegen, führen sie bei Zwischenstopps ihre eleganten Balztänze auf. Die Vögel sind erregt, denn sie befinden sich in Hochzeitsstimmung. ▶

Kraniche besitzen eine Flügelspanne von 2,20 Metern und haben ein Körpergewicht von bis zu sechs Kilogramm. Wenn der Vogel startet, läuft er einige Schritte über den Boden, nutzt den Schwung und steigt mühelos auf. ▶

Schon Aristoteles sah die Kraniche in merkwürdigem Licht – nämlich in einer Dauerfehde mit dem afrikanischen Pygmäenvolk. Der römische Gelehrte Plinius der Ältere setzte in *Italien* gut 400 Jahre später noch einen drauf, indem er die armen „daumengroßen Zwergenmenschen“ Afrikas bemitleidete, da sie unablässig den Feldzügen der stolzen Kraniche ausgesetzt seien. Dabei machten die Pygmäen in Wahrheit häufig Jagd auf die Kraniche, um ihren Fleischbedarf zu decken. Das vorzügliche Fleisch der Kraniche ließ sich in *Frankreich* auch Cardinal de Recheleu schmecken, das ihm – an Mandelsoße gereicht – höchsten Genuss bereitete.

Dort am Rand des fernen Himmels
fegt der Hagelsturm hinab ...
Weit darüber schwebt der **Kranich**
allein in eisfreie Gefilde.
Mit immer gleichem schrillen Schrei
auf wilder Fahrt durchs graue Einerlei.

John Clare
The Shepherd’s Calendar (1827)

Aussehen
Im Flug unterscheiden sich die Graukraniche wesentlich vom Flug der Reiher und Störche, obwohl alle diese Schreitvögel ihre langen Beine gut sichtbar nach hinten strecken. Kraniche fliegen mit weit ausgestrecktem Hals und krümmen ihn nicht wie Reiher auf die Schultern zurück. Störche hingegen zeigen im Flug einen breiten Schwanz, wie ihn keine der Kranicharten besitzt. Kranichschwänze sind klein und sehr kurz, was wegen der langen, lockeren Federn des inneren Flügels nicht weiter auffällt.

Viele Körperteile dieser Tiere – Schnabel, Hals, Beine und Zehen – sind ungewöhnlich lang. Typisch für die Kraniche sind ihre Rufe mit dem wilden, rollenden „r“. Sie klingen wesentlich melodischer als das heisere Krächzen von Störchen und Reihern. Von den markanten Rufen des Kranichs leiten sich auch die altdeutschen Wörtern „Kran“, „Kranch“ und „Krye“ ab. Außerdem lassen sich so Bezüge zum griechischen Wort „Geranos“ und zum lateinischen Begriff „Grus herstellen“.

Ausgefärbte **Altkraniche** besitzen ein graues Gefieder mit schwarzen Schwungfedern – daher auch der Name Graukranich. Die eleganten Schreitvögel haben eine Flügelspanne von 2,20 Meter, erreichen durch ihre langen Beine aufrecht stehend eine Körpergröße von 1,30 Meter und wiegen zwischen 4,5 und 7 Kilogramm. Kranichmännchen sind etwas größer, stabiler gebaut und schwerer als die Weibchen. Charakteristisch für Altkraniche sind neben dem grauen Gefieder auch die auffälligen Schmuckfedern, die als sogenannte Schleppe am Körperende des Vogels weich und filigran aufragen beziehungsweise locker herabhängen. Dieser Federschmuck wird nicht – wie vielleicht auf den ersten Blick vermutet – von den Schwanzfedern gebildet. Die Federn der Schleppe sind verlängerte Schwungfedern an den Ellenbogengelenken der Vögel – also Armschwingen. Je nachdem, wie der Kranich die Flügel vom Körper abwinkelt, kann er die Wirkung seines auffälligen Federschmucks verändern, betonen und unterstreichen. Das ist wichtig für die Balz- und Hochzeitstänze dieser stolzen Schreitvögel.

Bei Balztänzen stellt das Kranichmännchen seine ganze Schönheit zur Schau. Dabei setzt es in besonderer Weise seine imposante Schleppe ein, die von verlängerten Armschwingen an den Ellenbogen gebildet werden. ▶

Zu den auffälligen Merkmalen der Altkraniche gehören die schwarz-weiße Kopf- und Halszeichnung sowie die rote Kopfplatte. Beim roten Kopffleck handelt es sich nicht um einen Federschmuck immer gleichen Ausmaßes, sondern um einen kahlen, warzenartigen, stark durchbluteten Kamm am Scheitel der Vögel. Je nachdem, wie die Kraniche das leuchtende Rot dieses Kopfflecks bei den Balz- und Hochzeitstänzen einsetzen möchten, können sie die Größe, Ausdehnung und Strahlkraft desselben verändern.
Im Stehen bleiben Kraniche hoch aufgerichtet und halten ihren Körper wie Strauße parallel zum Boden.

Jungkraniche sind überwiegend braun gefärbt, besitzen einen zimtfarbenen Kopf und eine orangefarbene Schnabelbasis. Ihnen fehlen im Vergleich zu den Altkranichen nicht nur das Grau des Gefieders, sondern auch die schwarz-weiße Kopf- und Halszeichnung sowie die rote Kopfplatte. Im Alter von drei Jahren erlangen Jungkraniche die Geschlechtsreife und präsentieren sich dann nicht nur ausgefärbt, sondern außerdem mit allen Auffälligkeiten und Schönheiten des Alterskleides. Die auch Hallux genannte hintere Zehe der Kraniche ist wie ein Hahnensporn gekrümmt. Bei allen Kranicharten – mit Ausnahme der beiden Kronenkraniche der Gattung Balearica – ist sie jedoch verkümmert. Die längere Hinterzehe der afrikanischen Kronenkraniche sowie der anderen Arten der Gattung Balearica dient dem Balancehalten der Vögel, wenn sie auf Ästen sitzen. Das ist nur eine von mehreren Eigenheiten, die die „primitiven“ Balearica-Arten von den „moderneren“ oder „typischen“ Kranichen der Gattung Grus unterscheiden. „Primitiv“ bedeutet in diesem Fall, dass die Balearica-Kraniche nach Anatomie und Verhalten den gemeinsamen Vorfahren näher stehen.

Ein weiteres Merkmal der „primitiven“ Kranicharten ist der voll befiederte Kopf, den die Kronenkraniche mit den Jungfernkranichen und den Paradieskranichen der Gattung Anthropoides gemeinsam haben. Bei allen anderen Kranichen schmückt den Kopf ein nackter, rauer, roter Kamm oder Hautfleck – leuchtend rot, wenn er während der Fortpflanzungszeit kräftig durchblutet ist.

Kraniche fressen rund 300 Gramm Getreide pro Tag. ▲

Kraniche sind exzellente Flugkünstler, die weite Strecken im Gleitflug zurücklegen. Dafür nutzen sie die Thermik. ▶

ÜBER DIE OSTSEE INS KÜSTENLAND

Tausende Kraniche verlassen im Herbst die Winterquartiere in Skandinavien, um in die französischen und spanischen Winterquartiere zu gelangen. Bevor sie Skandinavien verlassen, wagen sie im Süden von Dänemark und Schweden den Sprung über die Ostsee. Für ihren Langstreckenflug benötigen Kraniche thermische Aufwinde, deren Entstehung vornehmlich über festen Untergründen begünstigt wird. Wasser stoppt die Entstehung dieser Luftströmungen, so dass Kraniche das Überfliegen größerer Gewässer nach Möglichkeit vermeiden. Um von Skandinavien nach Deutschland zu kommen, bleibt den Kranichen keine andere Möglichkeit, als die Ostsee zu überqueren.

Seit vielen Jahren ist der Hornborga See Treffpunkt für tausende Kraniche, Wildgänse und Schwäne. Dieses Gewässer mit seinen angrenzenden Seewiesen ist der wichtigste Kranichrastplatz in Skandinavien. Alljährlich versammeln sich hier im Herbst und Frühjahr tausende Kraniche – vor ihrem Flug über die Ostsee auf dem Weg in die Winterquartiere oder nach ihrem Flug über die Ostsee auf dem Weg in die Brutgebiete in Nordschweden. Während sich im April am Hornborga See bis zu 26.000 Kraniche versammeln, sind es im Herbst deutlich weniger, denn viele Kraniche legen auf ihrer Reise durch Skandinavien keinen Zwischenstopp in Schweden ein und fliegen direkt über die Ostsee nach Deutschland.

Hornborga See

Nach einer mehr als 150 Jahre andauernden Trockenlegung wurde der See Mitte der 1990er Jahre erfolgreich renaturiert. Bereits Ende des 17. Jahrhunderts war damit begonnen worden, den Wasserspiegel des Hornborga Sees zu senken. Dieser Eingriff in die natürlichen Abläufe am See wurde vorgenommen, um mehr Ackerboden zu erhalten. Der ersten Absenkung des Gewässers folgten vier weitere. Die beiden letzten, die im 20. Jahrhundert durchgeführt wurden, hatten verheerende Folgen für das Ökosystem, denn der See verwandelte sich in einen unfruchtbaren Sumpf mit vereinzelten Wasserlöchern. In den 20er Jahren des 20. Jahrhunderts übernahmen Weiden und Birken den alten Seeboden: Fische und Vögel wanderten aus – der Elch wanderte ein. Gleichzeitig gab es Bemühungen zur Wiederherstellung des Hornborga Sees. Ziel dieser Maßnahme sollte sein, in Västergötland wieder einen funktionierenden Vogelsee zu schaffen. Erst in den frühen 1980er Jahren wurde ein umfassender Plan für eine Renaturierung des Sees vorgelegt. Einige Jahre später konnte das Staatliche Amt für Umweltschutz die Arbeiten beginnen.

Ab Ende März bis Mitte April machen Tausende von Kranichen und Schwänen in Schweden Halt. Mit der Ankunft am Hornborga See leiten sie den Frühling ein. ▶

1.400 Hektar Blattschilf sowie 400 Hektar Wald und Busch wurden gerodet, sieben Kilometer Kanäle zugeschüttet und drei Kilometer Wall mit einer Regulierungsstation an der westlichen Seite des Sees errichtet. Danach wurde der Wasserspiegel in drei Etappen auf 85 Zentimeter mittleren Wasserstand erhöht. Obwohl der Hornborga See im Frühjahr mehr Wasser als im Sommer hat, bleibt er dennoch ganzjährig ein flacher See. Das größte Naturschutzprojekt Schwedens war somit vollendet.

Früher gab es Branntweinfabriken auf den Herrenhöfen der Schlösser Dagsnäs und Stora Bjurum. Damals ernährten sich die Kraniche von Kartoffeln, aus denen Schnaps hergestellt wurde. Um Schäden auf den landwirtschaftlich genutzten Böden zu vermeiden, werden die Kraniche seit mehr als 25 Jahren mit Getreidekörnern gefüttert, die Angestellte der städtischen Reservatsverwaltung während des Balztanzes ausstreuen.

Für Vogelfreunde und Naturliebhaber aus aller Welt ist der Hornborga See zu einer ersten Adresse für die Kranichbeobachtungsmöglichkeiten in Europa geworden.

Das komplette Areal rund um den Hornborga See und die angrenzenden Seewiesen sind eingezäunt. Die Graukraniche, Singschwäne und Kanadagänse haben sich in den letzten Jahrzehnten nicht nur daran gewöhnt, dass der Tisch jeden Tag aufs Neue gedeckt ist, die sonst eher scheuen Vögel arrangieren sich auf verblüffende Weise mit den jährlichen Besucherströmen.

Ohne Scheu vor den Menschen, die auf den asphaltierten Wegen neben den Futterflächen flanieren, stehen die Vögel auf den Hügeln und in den Senken rund um den See.

Will jedoch ein Besucher seinen Fuß hinter den Zaun setzen oder stellt ein übereifriger Fotograf ein Bein seines Stativs hinter die Barriere, dann präsentieren sich die Kraniche, Schwäne und Gänse auf den Seewiesen als äußerst wachsam.

Die Vögel erinnern sich an ihr angeborenes Fluchtverhalten und vergrößern den Abstand zwischen sich und den Zweibeinern auf ein deutlich größeres Maß. Auch Hunde, die den Vögeln auf den Wegen zu nah kommen, werden von den Kranichen nicht toleriert.

Wenn die Kraniche im Frühjahr den Hornborga See erreichen, herrschen hier häufig noch Frost, Eis und Schnee. Die Vögel suchen auf den Seewiesen nach Futter. ▲

Kraniche sind ruffreudige Vögel, die kurze Pausen bei der Gefiederpflege für die Verständigung nutzen. ▶

Am Hornborga See können Vogelfreunde aus der ganzen Welt den Kranichen ganz nah kommen und die Vögel ohne Tarnung von Wegen aus beobachten. ▶▶

Kranichzentrum

Am Südufer des Hornborga Sees befindet sich ein Kranichzentrum, das jedes Jahr von zahlreichen Menschen besucht wird. Abgeleitet von „Trana“, dem schwedischen Wort für Kranich, heißt dieses große Besucherzentrum „Trandansen“. Ausstellung, Shop und Beobachtungsplätze sind nur während der Kranichsaison im Frühjahr geöffnet, wenn sich die Kraniche im März und April eine längere Zeit am See aufhalten. Dann kommen bis zu 150.000 Besucher nach Västergötland, um den Tanz der Kraniche zu genießen und den Frühling zu begrüßen. So nah, wie man den Glücksvögeln hier kommen kann, ist es andernorts kaum möglich. Hinter den Fensterfronten können die Besucher die Kraniche mittels Fernrohren fast hautnah erleben und dabei beringte Vögel genau ablesen. Das Tourismusbüro in Falköping bietet außerdem einen besonderen Service für Tierfotografen aus aller Welt an. In speziellen Ansitzhütten können die Fotografen den Kranichen am Seeufer ganz nah kommen. Dazu müssen sie aber in der Lage sein, das Versteck 17 Stunden lang nicht zu verlassen, denn die Ansitze dauern immer von Dunkelheit zu Dunkelheit.

Balztänze

Im März und April versammeln sich tausende Kraniche am südlichen Ende des Hornborga Sees, um hier Körner zu fressen, zu rasten, einen geeigneten Partner zu finden und die eleganten Balztänze zur Aufführung zu bringen. Dabei stolzieren die Vögel hoch aufgerichtet über Feld, Acker und Wiese, stellen den prachtvollen Federschmuck der Schleppe und den roten Kopffleck zur Schau und lassen lang anhaltende Rufduette erklingen. Der Tanz verstärkt die Bande zwischen den Paaren – er ist eine Aufwartung für den Partner oder dient als Vorspiel zur Paarung. Unabhängig vom Wetter und der Tageszeit finden die Kranichtänze immer im Frühjahr statt. Die meisten Kraniche, die am Hornborga See rasten, haben ihre Brutplätze weiter nördlich in Schweden oder westlich in Norwegen. Neben Kranichpaaren gibt es auch allein stehende Vögel, die am See einen Partner suchen oder Jungvögel, die ihre Eltern gerade erst verlassen haben. Tagsüber halten sich die Vögel auf den Strandwiesen auf. In der Dämmerung fliegen sie zum Schlafen in den Gewässerbereich. Sie schlafen stehend im Wasser, um vor Raubtieren geschützt zu sein. Bei dieser Gelegenheit werden die Vögel gezählt. Ein bis drei Wochen verweilen die Kraniche am See, bevor sie Ende April in ihre Brutreviere weiterziehen. Im Flug zwischen den Überwinterungs- und Brutgebieten überfliegen sie mehrere Länder und Rastplätze. Die wichtigsten liegen in Spanien, Frankreich, Deutschland und Schweden. Auf den Rastplätzen ruhen und fressen die Vögel zwischen den einzelnen Flugetappen. Im Herbst versammeln sich viele graue Tänzer auf den vier bekanntesten schwedischen Rastplätzen: Hornborga See, Kvismaren, Takern und Fläcksjön. Hier ruhen die Kraniche aus, putzen und stärken sich, bevor sie in Richtung Süden weiterfliegen.

Wenn zwei Kranichmännchen den so genannten Prahl- und Parademarsch aufführen, ist die tänzerische Komposition der eleganten Art an Spannung und Ausstrahlung kaum zu überbieten. Die Vögel recken sich hoch auf, stellen die Federn der Schleppe zur Schau und lassen lang anhaltende, trompetenartige Tonsalven erklingen. Mit diesen Rufenreihen scheinen sich die Kraniche regelrecht zu duellieren. Beim Tanz auf Acker und Wiese spielt auch der rote Kopffleck eine wichtige Rolle, denn je mehr dieser leuchtet, desto eindrucksvoller ist die Wirkung des Tanzes. ▶

Kranichrastplätze in Mecklenburg-Vorpommern

Da der Zugkorridor der Kraniche vom südlichen Skandinavien zum nördlichen Deutschland einmal quer über die Ostsee verläuft, treffen sie in Mecklenburg-Vorpommern zuerst im Norden der Insel Rügen wieder auf festen Boden. Ein anderer Teil der Kraniche aus Schweden zieht über die Insel Öland und gelangt zur polnischen Ostseeküste, um dann westwärts zu den Rastplätzen auf Rügen und in Vorpommern zu fliegen. In der Boddenregion Mecklenburg-Vorpommerns unterbrechen auch einige Vögel aus dem Baltikum und Polen ihren Zug. Allerdings fliegt nur ein Teil der westwärts ziehenden Populationen aus dem Baltikum und aus Polen so weit nördlich. In Mecklenburg-Vorpommern gibt es etwa 16 Sammel- und Rastregionen. Diese sind in ihrer historischen Entwicklung und Bedeutung einzigartig in Deutschland.

Kranichrastplätze in Mecklenburg-Vorpommern
Schaalsee
Schweriner Seengebiet und Lewitz
Westprignitz
Wismarbucht
Bekeniederung
Mittelmecklenburgische Seen
Rostock
Göldenitzer Moor
Mecklenburgische Schweiz
Müritz
Darß-Zingster Boddenkette und Rügen
Peene- und Trebelniederung Demmin
Südlicher Greifswalder Bodden
Peeneniederung Anklam
Landgrabental und Ueckermünder Heide
Feldberger Seen

Rügen-Bock-Region

Wenn die Kraniche ihren Flug über die Ostsee geschafft haben, erreichen sie den Festlandbereich des vorpommerschen Küstenlandes. Alljährlich gehen einzelne Trupps auf den Ackerflächen vor den Toren der Rügener Ortschaft Lancken nieder, um sich zu sammeln und auszuruhen. Damit stehen die Kraniche bereits in der Sammel- und Rastregion Darß-Zingster Boddenkette und Rügen, die als Rügen-Bock-Region bekannt ist. Das Gebiet wird seit mindestens 200 Jahren als Rastregion von Kranichen genutzt.

Es umfasst den Bereich der Vorpommerschen Ostseeküste, die Landschaftseinheiten Fischland-Darß-Zingst und Barther Bodden sowie die Westrügenschen Bodden mit den Inseln Hiddensee und Ummanz.

Kraniche laufen bei der Nahrungssuche langsam über die Futterfläche und nehmen diese akribisch in Augenschein. ▲

An großen Sammelplätzen treffen Kraniche mit anderen Zugvögeln zusammen – beispielsweise mit Singschwänen. ▶

Das Gesamtgebiet der Rügen-Bock-Region umfasst einschließlich der Schlafplätze und Äsungsflächen mehr als 2.100 Quadratkilometer. Im Westen erstreckt es sich von Ribnitz-Damgarten bis östlich von Stralsund. Die Nord-Süd-Ausdehnung wird durch die Ostseeküste Rügens und durch die Lage der Stadt Grimmen gekennzeichnet.

Alljährlich im Herbst sammeln sich in dieser Region zwischen 68.000 und 75.000 Kraniche, um auf ihrer langen Reise von Norden nach Süden einen Zwischenstopp einzulegen.

Diese Landstriche an Bodden und Meer in Mecklenburg-Vorpommern gehören neben dem Rhin-/Havelluch und der Diepholzer Moorniederung in Deutschland, dem Hornborga See in Südschweden, dem Lac du Der Chantecoq und der Region Les Landes in Südfrankreich sowie der Laguna de Gallocanta in Nordostspanien zu den wichtigsten Rastplätzen für Kraniche entlang des Westeuropäischen Zugweges.

In der Rügen-Bock-Region versammeln sich alljährlich im September und Oktober bis zu 75.000 Kraniche, um hier bis Ende November zu verweilen. Damit gehören die Landstriche von den Halbinseln Fischland-Darß-Zingst über die Hansestadt Stralsund bis zu den Inseln Rügen und Hiddensee zu einem der bedeutendsten Rastplätze Mitteleuropas. Die Region bietet den Kranichen nicht nur geeignete Nahrungsflächen, sondern auch Schlafplätze. ▶

Die Tage im Rastgebiet verbringen die Kraniche ausschließlich mit der Nahrungsaufnahme. Die Vögel sind als Reisende durch viele Länder Europas bei ihren Zwischenstopps bemüht, ihre Kraftreserven aufzufüllen. An den wichtigsten Rastplätzen in Schweden, Deutschland und Frankreich werden die Vögel auf Initiative der Kranichschutzorganisationen zusätzlich mit Futter versorgt, damit sie nicht auf landwirtschaftliche Kulturen ausweichen, auf denen sie Schaden anrichten könnten. ▶▶

In der Fachliteratur wird die Rast der Kraniche auf der Insel Rügen schon 1821 erwähnt. Auch später gab es Hinweise für das Auftreten großer Kranichscharen im Herbst und Frühjahr.
1959 erschienen mehrere 10.000 Exemplare in kleineren und größeren Wandergesellschaften in der Zeit von Anfang August bis Ende Oktober. 1964 wurden am Schlafplatz an der Udarser Wiek 7.000 bis 8.000 Kraniche gezählt. Die Rast an der Insel Bock wurde zwar schon 1871 erwähnt, doch gab es dazu bis Mitte der 1960er Jahre keine weiteren schriftlichen Mitteilungen. Vor allem Fischer wussten zu berichten, dass sich im Bereich der Werder-Inseln zwischen Pramort und Bock viele Kraniche zum Schlafen aufgehalten haben.

Ab Mitte der 1960er Jahre wurde nahe Pramort gezielt begonnen, die Kraniche am Schlafplatz zu zählen. Mit den ersten Kranichen, die in der Regel Ende August im Windwatt nahe Pramort, und damit am größten Schlafplatz der Kraniche in den Rastgebieten der Darß-Zingster Boddenkette, auf Rügen und Hiddensee erscheinen, wird die Herbstrast in der Rügen-Bock-Region eingeleitet. Im September steigen die Kranichzahlen stetig an, bei günstigen Wetterlagen, spätestens Anfang Oktober, nehmen sie noch einmal sprunghaft zu. In der ersten Oktoberhälfte halten sich dann zwischen 60.000 und 75.000 Kraniche in diesem Gebiet auf. Die Verweildauer der Vögel in der Rügen-Bock-Region ist sehr lang. Damit wächst auch die Bedeutung dieses Rastplatzes.

Zwischen 2003 und 2014 wurden im Frühjahr in der Rügen-Bock-Region insgesamt 176 farbmarkierte Kraniche von Fachlauten abgelesen. 88 Prozent dieser Vögel stammten aus Schweden und Norwegen. Nur acht Prozent kamen aus Estland, vier Prozent aus Finnland. Kraniche aus Polen oder Lettland wurden an der Ostseeküste im Frühjahr noch nicht erfasst. Dagegen gelangen im Herbst fünf Beobachtungen von Kranichen, die aus Polen stammten.

Insgesamt konnten von 2003 bis 2013 jeweils im Herbst 1.224 beringte Vögel aus dem Ausland erfasst werden. 96 Prozent davon stammten aus Schweden und Norwegen. Lediglich drei Prozent kamen aus Estland und nur ein Prozent aus Finnland. Allein die Hälfte aller beringten Kraniche kam aus Südschweden. Die Rügen-Bock-Region ist daher der wichtigste Rastplatz für Kraniche aus Schweden und Norwegen.

Wenn es kalt ist, plustern Kraniche ihr Federkleid auf, um warme Luftpolster entstehen zu lassen. ▲

Im Tagesverlauf fliegen Kraniche immer wieder auf, um die Futterfläche zu verlassen und im Wiesenland niederzugehen. Hier verrichten Kraniche ihr Geschäft, putzen sich, schlafen und tanzen. ▶

FUTTERSUCHE AUF FELD UND WIESE

Während der Brutzeit in ihren stillen und heimlichen Revieren sowie bei ihren langen Reisen durch Europa greifen Kraniche auf ein großes Nahrungsspektrum zurück. Während Kraniche während der Brutzeit hauptsächlich Weichtiere, Würmer, Insekten und kleine Wirbeltiere fressen, ernähren sie sich während ihres anstrengenden Fluges zu den Winterquartieren von dem, was sich ihnen bei den Zwischenstopps gerade bietet: Körner, Samen, Wasserpflanzen, Beeren, Wurzeln und Knollen.

Kraniche haben ein breites Nahrungsspektrum. Die pflanzliche Nahrung der Graukraniche besteht aus energiereichen Früchten z.B. aus Getreidearten wie Mais, Weizen, Gerste, Roggen, Hafer und Reis, oder aus Hülsenfrüchten wie Bohnen, Erbsen und Kichererbsen. Außerdem fressen Kraniche Kartoffeln, Eicheln, Sojabohnen, Erdnüsse, Sonnenblumenkerne, Baumwollsamen, Oliven, Wurzeln und Knollen sowie Zwiebeln verschiedener Pflanzen. Auch Gemüse (Kohl, Möhren, Rettiche, Spinat), Beeren (Weintrauben, Blaubeeren, Preiselbeeren) sowie Blätter und frische Triebe von Getreide, Raps und Klee. Ebenso werden zahlreiche Ackerunkräuter von den eleganten Schreitvögeln verspeist.

Als tierische Nahrung dienen Insekten und deren Larven wie Spinnen, Grillen, Libellen, Käfer und Schmetterlingsraupen. Außerdem fressen Kraniche Regenwürmer, Mollusken und kleine Wirbeltiere wie Fische, Frösche, Eidechsen, Mäuse und Spitzmäuse.

Die durchschnittliche tägliche Nahrungsmenge des Graukranichs liegt bei 130 Gramm Trockenmasse. Feldbeobachtungen in Spanien ergaben im Mittel 184 Gramm Getreide-Trockenmasse. Am Brutplatz ist die Zusammensetzung der Nahrung besonders vielseitig, wobei die Reproduktion, das Jungenwachstum und die Mauser eine reichliche Zufuhr von Eiweiß und Mineralstoffen verlangen. Auf den Sammel-, Rast- und Überwinterungsplätzen sind dagegen die Bewegungen der Vogelgruppen und der damit verbundene Energieaufwand wesentlich höher, was zu einem Anteil von über 90 Prozent an energiereichen Nährstoffen führt. Dabei werden Getreide- und Maisstoppeln sowie frische Weizensaaten allen anderen Kulturen vorgezogen. Während der Dauerrast werden Fettdepots angelegt, die für die tagelangen Zugleistungen notwendig sind.

Kranichballett beim Körnerpicken. ▶

Kraniche verlassen am Morgen den Schlafplatz und erscheinen mit Sonnenaufgang auf der Futterfläche. ▶

Um die weiten Strecken bis in ihre Winterquartiere in Frankreich und Spanien bewältigen zu können, fressen sich Kraniche in der Rügen-Bock-Region Energiereserven an. Rund 12 Wochen rasten die Vögel im Durchschnitt in Mecklenburg-Vorpommern, in denen sie pro Tag rund 250 bis 300 Gramm Körnernahrung – bevorzugt Mais – zu sich nehmen. Kraniche finden sehr schnell heraus, wo sie ungestört ihre Leckerbissen finden können.

Nahrungsflächen

Die Nutzung der einzelnen Gebiete für die Nahrungsaufnahme durch Kraniche erfolgt in Abhängigkeit von der Verteilung der Nahrungsflächen in der Region. Der größte Teil der Vögel fliegt nicht weiter als 20 Kilometer landeinwärts. Teilweise werden von einigen Gruppen aber auch Futterplätze angeflogen, die mehr als 30 Kilometer vom Schlafplatz der Kraniche entfernt liegen.

Die bevorzugte Nahrung von Kranichen in der Region der Darß-Zingster Boddenkette und Rügen im Herbst sind Maiskörner, gefolgt von Weizenkörnern. Da heute die modernen Maschinen fast verlustfrei arbeiten, sind Ernterückstände auf den Stoppelfeldern gering. In den 1970er und 1980er Jahren blieben bei Getreide drei bis fünf Prozent und bei Mais fünf bis zehn Prozent der Körner auf den Flächen liegen. Heute beträgt dieser Anteil bei Getreide nur noch ein bis zwei Prozent und bei Maisfeldern lediglich null bis ein Prozent. Entsprechend kurz fällt die Nutzung der Maisstoppeläcker (2,5 Tage) und Getreidestoppelfelder (4,0 Tage) durch die Kraniche aus. Nur in Jahren mit großen Niederschlägen kann die Verfügbarkeit der Nahrung wesentlich größer sein, wenn die Ernte mit den schweren Maschinen auf den dann aufgeweichten Feldern schlecht möglich ist.

Einen großen Einfluss auf das Vorhandensein von Nahrung für die Kraniche im Herbst hat die verringerte Anbaufläche von Mais. Von 1983 bis 2010 halbierte sich die Maisackerfläche in der Rügen-Bock-Region, während sich die für Kraniche und viele andere Vogelarten unbedeutende Bewirtschaftungsfläche mit Raps verdoppelte. Stehen keine geeigneten Stoppelfelder mehr zur Verfügung, wechseln Kraniche auf frische Neusaaten aus. In den 1960er Jahren gab es auf kleineren Anbauflächen vieler Einzelbauern teilweise erhebliche Ernteverluste. Nach der Umwandlung in großflächige Landwirtschaftliche Genossenschaften und Volkseigene Güter reduzierten sich die Schäden. Seit den 1990er Jahren kommt es gelegentlich wieder zu Konflikten mit Landwirten. Um diese zu vermeiden, hat der Kranichschutz Deutschland 1992 und 1993 in der Rügen-Bock-Region erstmals verschiedene Ablenkfütterungsflächen für Kraniche eingerichtet. Diese gezielten Fütterungen verursachen nur fünf bis zehn Prozent der bisherigen Kosten, die bis 1995 als Ausgleichszahlungen zur Entschädigung von Landwirten ausgereicht wurden. Aus Sicht des Naturschutzes sind Ablenkfütterungsflächen nicht unumstritten. Sie stellen jedoch ein effizientes Mittel zur Vermeidung von Schäden an Neusaaten dar und können positive Effekte für die Kranichbeobachtung erzielen – wie beispielsweise an den Günzer Seewiesen nahe Stralsund.

Wenn sich Kraniche bei der Futtersuche herabbeugen, lassen sie die Nahrung mit Schwung in den Schlund hüpfen. ▶

Kraniche setzen ihren langen und spitzen Schnabel bei der Futtersuche wie eine Pinzette ein. ▶

Auf einer Futterfläche der Kraniche herrscht den ganzen Tag über ein Kommen und Gehen. ▶

Nahrungsaufnahme

Während in der Brutzeit auf die Nahrungssuche nur ein kleiner Teil des Tages entfällt, ist es während der Herbstrast sowie im Winterquartier ganz anders. Dann fallen als Zeiten besonders intensiver Fressaktivität die Morgen- und Nachmittagsstunden auf. Bei der Nahrungssuche halten Kraniche ihren Körper horizontal, der Hals wird angezogen, Kopf und Schnabel sind abwärts gerichtet.

Die Futteraufnahme geschieht auf folgende Art:

> durch pickende Bewegungen bei kleineren Partikeln, wobei der Kopf beim Schlucken jeweils ein wenig angezogen wird (Körner, Insekten)
> mit stärkerem Hochziehen des Kopfes bei mittleren Brocken (Eicheln, Wurzeln, Knollen)
> mittels ruckartigem Aufwerfen des Kopfes bei größeren Stücken (Kleinsäuger, Frösche)

Lebende Tiere werden zunächst belauert und dann durch schnelles Zupacken überrascht und erbeutet. Um die Gleitfähigkeit der größeren Futterbrocken zu erhöhen, tauchen Kraniche in Gefangenschaft beispielsweise Mäuse vor dem Verschlingen ins Wasser. Üblicherweise sammeln Kraniche auf den Feldern liegende Körner ab. Maiskolben und Getreideähren werden ausgeleert, Kartoffeln und Kohlköpfe angehakt, sprossende Maispflanzen ausgezogen, Körnerreihen durch gezielte Seitwärtsbewegungen des Schnabels ausgegraben oder trockene Kuhfladen und Wurzeln zerlegt. Einzelne Kranichtrupps gehen auch in stehende Maisfelder, in geöffnete Kartoffel- und Kohlmieten, in zum Trocknen aufgestellte Getreidehocken oder – im Winterquartier – in lichte Eichenwälder. Nicht selten sind auf glatten, futterarmen Feldern mehrere Zentimeter tiefe Einstiche zu sehen. Hierdurch werden lebende Organismen, aber auch Knollen und ähnliche Futterquellen freigelegt. In Bruchwäldern zerhacken Kraniche auch morsche Stämme und Baumstümpfe mit heftigen Schnabelhieben, um an Insekten und Larven heranzukommen.

Beim Trinken wird das Wasser in den flach eingetauchten Schnabel gefüllt, um nach schnellem Anheben und Vorwärtsführen des Kopfes abzulaufen. Kleine Schneestücke werden dagegen wie feste Nahrung geschluckt. Ein einzelner Trinkakt dauert in der Regel fünf Sekunden und kann bis zu siebenmal wiederholt werden. Die Häufigkeit der Wasseraufnahme und die dabei aufgenommenen Wassermengen werden von den Außentemperaturen, der Luftfeuchtigkeit und der Nahrung bestimmt. Beim brütenden Vogel ist der Einfluss von Sonneneinstrahlung und Temperatur ganz offensichtlich, denn gleiche Tiere trinken an heißen Tagen bis zu zehn und 15 Mal in der Stunde, während bei kühlem Wetter kaum stündlich Wasser aufgenommen wird.

Kraniche durchsuchen neben den Acker- und Ernteflächen auch das Wiesen- und Weideland nach Futter und nutzen kurze Pausen zum Schlafen. ▼ ▶

Futtersuche im Abendrot. ▶▶

UNTER KRANICHEN

Mittendrin

Kein Laut erfüllt den Morgen des Tages mit Leben. Langsam wird es hell und erste Gänsekolonnen ziehen von den Schlafgewässern zu den Nahrungsflächen. Diese finden sich jetzt, Mitte Oktober, auf abgeernteten Maisfeldern der Küstenregionen. Neben Bläss-, Weißwangen-, Saat- und Kanadagänsen geben sich hier Tag für Tag große, graue Vögel ein Stelldichein: Kraniche. Auch sie haben es auf die gelben Körner abgesehen, die noch wenige Wochen zuvor sicher eingebettet in zahllosen Maiskolben lagen und den großen Schreitvögeln nun als wertvolle Kraftspender dienen sollen. Mit zunehmender Helligkeit am Morgen landen nach den Gänseformationen auch immer mehr Kranichgruppen auf den Feldern. Den stolzen Vögeln bleiben bis zum Abend neun Stunden Zeit, ihre Bäuche mit der Kraftnahrung zu füllen. Vor die aufgehende Sonne schieben sich graue Wolken. Wind kommt auf, der verspielt an den Federn der Kraniche zieht. Der einsetzende Regenschauer scheint die eleganten Vögel nicht zu stören, denn sie gehen weiter ihrer Nahrungssuche nach. Erst als die Schauer immer stärker werden und sich wie lange Bindfäden vom Himmel zur Erde ziehen, verharren die Kraniche regungslos auf einer Stelle – mit den Gesichtern der Windrichtung zugewandt. Kurze Zeit später ist der Regenguss vorbei und die Oktobersonne schickt ihr traumhaftes Licht zur Erde. Mit den wärmenden Sonnenstrahlen kehrt Leben in die grauen Körper zurück und die Kraniche stolzieren erneut über das abgeerntete Maisfeld. Wieder landen unzählige Maiskörner in den Mägen der Vögel.

Ein Blick durch das lange Teleobjektiv holt die Kraniche in greifbare Nähe. Bei genauem Hinsehen sind ganz deutlich die Wassertropfen auf den Rücken der Glücksvögel zu sehen.
In der Ferne schaukelt ein Traktor über das abgeerntete Maisfeld. Die Kraniche, die in unmittelbarer Nähe zu diesem brummenden Ungetüm stehen, lassen sich von der menschlichen Technik auf Rädern nicht stören. Sie wissen, dass ihnen das klotzige Gefährt nichts anhaben kann. Sollte es jedoch die unsichtbare Schwelle zwischen Duldung und Fluchtdistanz überschreiten, würden dies die Kraniche mit einem Auffliegen beantworten.

Königliche Vögel im goldenen Licht. ▶

Die Ruhe vor dem Sturm. ▼

Schlafplatz der Kraniche im Bodden. ▶▶

Hautnah

In einiger Entfernung von meinem Versteck, das an der Kante eines kleineren Feldgehölzes steht, hat sich eine Kranichfamilie niedergelassen. Es ist wie im Märchen, in dem die wundersame Tarnkappe zum Einsatz kommt. Scheue Vögel, die gegenüber dem Menschen eine Fluchtdistanz von 200 bis 300 Metern haben, ahnen nicht, dass eines dieser zweibeinigen Geschöpfe ganz dicht bei ihnen sitzt. Eine dünne Leinwand und ein wenig Tarnung machen dies möglich. Der Familienverband – bestehend aus zwei Altvögeln und einem Jungvogel – hat sich ein wenig von den anderen Kranichen abgesondert. Ein Elternvogel beobachtet aufmerksam die Umgebung, während der andere dem Jungen den Umgang mit dem langen Schnabel demonstriert. Im Gegensatz zu vielen Kleinvogelarten, denen der größte Teil ihres Rüstzeugs für das spätere Leben per Instinkt in die Nestmulde gelegt wird, müssen Großvögel viele Verhaltensweisen direkt von ihren Eltern erlernen. Bei Kranichen gehören die Flüge zwischen den Brut- und Überwinterungsquartieren sowie das Aussuchen der richtigen Nahrung und der damit verbundene Gebrauch des langen Schnabels zu den wesentlichen Dingen, die von den Altkranichen an die Jungvögel vermittelt werden.

Der Jungkranich ist gelehrig, schaut zu, wie der Altvogel Maiskorn für Maiskorn aus den einzelnen Fächern herauslöst. Die Spitze des Schnabels wird dabei wie eine Pinzette eingesetzt. Nun ist der Nachwuchs an der Reihe. Wieder und wieder stößt die Schnabelspitze des Jungvogels zu. Wieder und wieder verschwinden gelbe Maiskörner in seinem langen Hals. So viel Unterricht macht müde. Der Jungkranich lässt seine Stelzen einknicken und legt sich bäuchlings zwischen die kurzen Stängel der abgeschnittenen Maispflanzen. Dort lässt er sich die wärmende Oktobersonne auf die Federn scheinen. Hin und wieder blinzelt er dabei in den Himmel. Während einer der Altvögel weiter Körner pickend über das Feld stolziert, schüttelt sich das andere Elternteil lose Federteile aus den Flügeln. Dem Komfortverhalten, zu dem neben einer ausgiebigen Gefiederpflege auch das Ruhen auf der Futterfläche gehört, wird nach dem ersten Stillen des Hungers am Morgen in den Mittagsstunden viel Zeit eingeräumt.

In anderen Bereichen der Nahrungsfläche mischen sich die Karten ständig neu, denn wiederholt fliegen Kranich- und Gänsegruppen auf, drehen einige Runden über dem Feld und setzen erneut zur Landung an. Manchmal geschieht dies durch Störungen, manchmal jedoch aus Übereifer. Besonders die Wildgänse, die bei jeder kleinen „Unregelmäßigkeit“ mit langen Hälsen auf dem Feld stehen, wirken oft hektisch und übermotiviert. Ein auffliegender Gänsetrupp zieht meistens auch eine Schar Kraniche mit sich. Die grauen Schreitvögel verlassen sich fast immer auf das ausgeprägte Sicherheitssystem ihrer gefiederten Kollegen. Dem Tierfotografen, der Zeuge dieses Szenarios wird, bieten sich ständig neue Fotochancen. So ein herbstlicher Tag am Rande der Kranichwelt kann lang werden. Der Mensch, der als stiller Teilhaber den faszinierenden Vorgängen in freier Wildbahn lauscht, muss von Dunkelheit zu Dunkelheit in seinem Versteck ausharren.

Tanz des Kranichs. ▶

Abflug der Kraniche. ▶▶

DIE KINDERSTUBE DER KRANICHE

Graukraniche sind standorttreu und kehren immer wieder zum gleichen Brutplatz zurück. Wenn die Vögel das Brutrevier im zeitigen Frühling erreicht haben, setzen sie die bereits auf dem Frühjahrzug begonnen Paarungen fort, führen ihre Balz- und Hochzeitstänze auf, richten das alte Nest her oder bauen eine neue Brutstätte. Graukraniche legen zwei hellgraue Eier mit graubraunen oder rötlichbraunen Flecken. In Deutschland beginnen die Kraniche bereits im März mit der Brut – Kraniche im fernen Finnland erst im Mai. Die Vögel brüten gleich nach Ablage des ersten Eies. Die durchschnittliche Brutdauer beträgt rund 30 Tage. Beide Eltern brüten und füttern die Jungen.

Lange Zeit gingen Wissenschaftler davon aus, dass Graukraniche, die sich einmal verpaart haben, ein Leben lang zusammenbleiben – also in Dauerehe beziehungsweise monogam leben. Neueste Erkenntnisse durch den Einsatz von Farbringen und Peilsendern haben jedoch ergeben, dass es bei Kranichen durchaus zu Partnerwechsel kommen kann – auch nach mehreren Jahren des Zusammenlebens sowie gemeinsamer Brut- und Jungenaufzucht.

Graukraniche leben in einer abwechslungsreichen Landschaft, die einerseits vielfältige Nahrungsgrundlagen bietet, andererseits ruhig und abgeschieden liegt. Das gilt insbesondere für die heimlichen Brutgebiete. Kraniche brüten in schwer zugänglichen Feuchtgebieten wie in offenen Sümpfen, moorigen Heiden, vernässten Erlenbruchwäldern sowie auf Lichtungen und in Sumpfwäldern. Das Nest des Kranichs, das eine schwach angedeutete Bodenmulde besitzt, wird von den Vögeln als teils schwimmende, teils feste Konstruktion auf trockenen Untergründen aus Wasserpflanzen errichtet. Das Nest kann bis zu 60 Zentimeter hoch und einen Meter breit sein.

Behutsam wendet der Altkranich das Gelege, um ein gleichmäßiges Bebrüten der Eier zu sichern. ▶

Auch wenn der Kranich über den Eiern sitzt, bleibt er wachsam und beobachtet die Umgebung. ▼

Kraniche nutzen Brutpausen für die Futtersuche. ▶▶

Ankunft der Brutkraniche

Im Frühjahr ziehen die Kraniche von Süd/Südwest in Richtung Nord/Nordost über Mecklenburg-Vorpommern hinweg. Es sind mindestens zwei Zugwellen im Binnenland zu beobachten. Mit der ersten Welle treffen die einheimischen Brutkraniche ein, die umgehend ihre Reviere besetzen. Diese Zugwelle ist über Mecklenburg-Vorpommern schwach und unauffällig, in südwestlichen Bundesländern jedoch deutlicher. Diesen Kranichen folgen die weiter entfernt brütenden Vögel als Durchzügler. Im Anschluss ziehen die noch nicht geschlechtsreifen und vorjährigen Kraniche durch. In den 1970er Jahren trafen die Brutkraniche in Mecklenburg-Vorpommern in der Regel um den 15. März im Brutgebiet ein. In jüngerer Zeit kehren die ersten Brutkraniche bereits in der ersten Februarhälfte zurück und müssen dann oft Wintereinbrüche überstehen. Die Ursache dafür ist ein verändertes Zugverhalten. In diesem Zusammenhang wurde eine Verringerung der Zugstrecken von in Mecklenburg-Vorpommern beringten Kranichen in Verbindung mit der Wahl weiter nördlich liegender Überwinterungsgebiete festgestellt. Im Frühjahr wählen viele über Mecklenburg-Vorpommern fliegende Kranichgruppen einen nordöstlicheren Weg als im Herbst, so dass sie in den Monaten Februar bis April in Räume ziehen und dort rastend beobachtet werden können, die sie im Herbst kaum berühren.

Durch das schlicht gefärbte Gefieder, das mit seinem Grau gut mit Grashalmen und Schilfstängeln verschmilzt, ist der brütende Kranich im Schutz des Nestes für Feinde nicht zu sehen. Hinzu kommt, dass sich der Partner immer in der Nähe des Nestes aufhält und den brütenden Vogel zusätzlich absichert. ▶

Brutverhalten

Brütende Kraniche schlafen vor allem in den Nacht- und frühen Morgenstunden, wobei der auf dem Gelege sitzende Vogel den Hals auf den Rücken legt und den Schnabel ins Gefieder schiebt. Gelegentliches Sichern seiner Umgebung unterbricht diese Stellung, die von einigen Vögeln kurzzeitig auch während des Tages eingenommen werden kann. Das Ruhen nimmt einen hohen Zeitanteil während der Dämmerung und Dunkelheit in Anspruch, doch auch am Tag verfallen die Tiere nicht selten kurzzeitig in diesen Zustand. Hierbei ist der Hals stark gebogen, der Kopf tief gebeugt – gelegentlich berührt dabei der Schnabel den Hals oder sinkt auf den Boden nieder. Dann schreckt der Kranich ruckartig auf, um allmählich wieder in die dösende Haltung zurückzukehren.

Am Tag sichert der ruhende Vogel regelmäßig im Abstand von fünf bis zehn Sekunden sein Brutnest. Beim ruhigen Brüten ist der Hals gebogen, Kopf und Schnabel werden bis zu 20 Grad nach leicht abwärts gehalten. Dabei verharren Kopf und Blick kaum je länger als zehn bis 15 Sekunden in gleicher Position, so dass die Umgebung ständig beobachtet wird. Wachendes Brüten kommt in einer gesteigerten Aufmerksamkeit des Vogels zum Ausdruck. Der Hals wird nur wenig gebogen, der Schnabel kaum noch abwärts gehalten und die sichernden Kopfbewegungen werden häufiger. Angespanntes Absichern ist bei besonderen Geräuschen und kleinen Störungen zu beobachten.

Bis zu zehn Sekunden verharrt der Vogel mit gestrecktem Hals und waagerecht gehaltenem Schnabel in dieser Stellung, wobei hoch erregte Tiere auch die Schmuckfedern aufrichten können.

Damit Kranichen beim Brüten die Zeit nicht lang wird, haben die Vögel verschiedene Handlungen und Bewegungen entwickelt, die im Tagesverlauf immer wieder zu beobachten sind. Beschäftigungen am Nest und in dessen Umgebung betreffen in der Regel das Picken, Fressen und Trinken. Vor allem aber hat der Kranich mit dem Hin- und Herziehen von Nistmaterial zu tun, das mehr beiläufig als gezielt am Nestrand deponiert wird. Während hierfür bis zu 20 Prozent der Tageszeit verwendet werden kann, nimmt das Putzen im Sitzen nur wenig Zeit in Anspruch. Die Gefiederpflege dauert kaum jemals länger als 30 Sekunden und wird durch regelmäßiges Sichern unterbrochen. Ein Hecheln des brütenden Kranichs ist bei Wärme und Sonneneinstrahlung am geschützt liegenden Brutplatz zu beobachten, wobei der Vogel den Schnabel öffnet, die Zunge hervorstreckt und die Atemfrequenz erhöht. An solchen Tagen trinken die Kraniche häufiger im Sitzen und auch während der Brutpausen. Ein leises Kontaktknurren, das dem in der Nähe verweilenden Partner gilt, ist häufig zu hören, wobei der Schnabel angehoben wird und leicht vibriert. Ein tiefes Hineindrücken in das Nest kann beim Passieren von Fahrzeugen oder Personen in der Nähe vorkommen. Der brütende Vogel stimmt auch gelegentlich in das Duett-Geschmetter mit dem Partner ein. Im Tagesverlauf verlässt der brütende Vogel das Nest hin und wieder – an kühlen Tagen seltener, an warmen dagegen wesentlich häufiger.

Wenn sich der Schlupf des ersten Kükens ankündigt, wird das Weibchen unruhig. Der Vogel steht wiederholt auf, nestelt an der Brutstätte und verlässt das Nest. Kurz darauf kommt das Weibchen wieder, um sich erneut über den Eiern niederzulassen. Dieses Ritual wird so lange vollzogen, bis das Küken geschlüpft ist und sich der Altvogel darum kümmern kann. ▶

Brutpflege
Nach einer Brutdauer von durchschnittlich 30 Tagen schlüpfen in der Regel zwei Junge. Das Brutgeschäft übernehmen die Altvögel gemeinsam, wobei sich Weibchen und Männchen regelmäßig abwechseln.

Etwa einen Tag vor dem Öffnen der Schale ist im Ei das leise Piepsen des Kükens zu hören, das nach dem Durchstoßen der Luftblase mit der Lungenatmung beginnt. Stirn und Schnabelrücken des Kükens liegen nun an der Außenwand des Eies an – und unter Druck des sich streckenden Nackens reibt der Eizahn ein Loch in die Schale. Durch Drehungen im Ei erreicht der Jungvogel eine andere Lage, wodurch das Ei allmählich ringsum geöffnet wird. Das Junge streckt sich schließlich, hebt den „Deckel" ab und kriecht allmählich aus dem Ei. Vom Durchstoßen der Schale bis zum Ausfallen des jungen Kranichs können 20 bis 35 Stunden vergehen. Die Altvögel greifen gewöhnlich nicht aktiv in den Schlupfakt ein. Sie können aber das angepickte Ei beziehungsweise das frisch geschlüpfte Küken in die richtige Lage auf dem Nest rollen beziehungsweise ziehen.

Die ersten Lautäußerungen des Kükens im noch geschlossenen Ei verändern das Verhalten der Elterntiere. Mit Beginn des Schlüpfens werden diese Veränderungen immer deutlicher.
Die mittlere Sitzdauer nimmt ab, die Tiere stehen häufiger und länger auf, wobei Bauhandlungen am Nest als Ausdruck steigender Erregung mehr und mehr in den Vordergrund treten.

Nach dem Schlüpfen der Küken ist der Altvogel am Nest ausschließlich mit dem Nachwuchs beschäftigt, dem häufig Nahrung und auch Eierschalenreste vorgehalten werden.

Das zunehmend geringere Wachverhalten wird durch die Gegenwart des Partners ausgeglichen, der seit Beginn des Schlüpfaktes immer häufiger in Nestnähe erscheint und das Wegführen des ersten Kükens vorbereitet. Da Kranichküken zu den Nestflüchtern gehören, verlassen sie nach dem Schlüpfen, sobald ihr Daunenkleid getrocknet ist, das Nest. Die Küken werden von den Altkranichen zunächst in der unmittelbaren Nestumgebung geführt und gefüttert. Doch nach einigen Tagen entfernen sich die Vögel immer weiter vom Brutplatz.

Da sich die Eltern während der Jungenaufzucht äußerst unauffällig verhalten, sind sie für den Beobachter nur selten sichtbar. So sind bis heute entsprechende Informationen zur Habitatnutzung und Reviergröße von Kranichen sowie über ihre Ansprüche an die Nahrungsflächen während der Jungenaufzucht kaum vorhanden.

Die Zusammensetzung der Nahrung ist wegen des erhöhten Proteinbedarfs der Küken besonders vielseitig und der tierische Anteil hoch. Das wirkt sich positiv auf das Wachstum und die Körpermasse der Jungen aus. Damit steigen die Überlebenschancen der Jungkraniche erheblich.

Wenn sich das Küken aus dem Ei befreit hat, achtet das Kranichweibchen darauf, dass der Winzling neben dem verbliebenen Ei sitzen bleibt. Wenn sich der große Vogel wieder niederlässt, um weiterzubrüten, wird das Küken vom Altvogel gehudert und gewärmt. Da die kleinen Kraniche nach dem Trocknen des Dunenkleides sehr munter und mobil sind, kann es vorkommen, dass der Kranichwinzling im wahrsten Sinne des Wortes über das Ziel hinaus schießt und über den Nestrand purzelt. Wenn dies geschieht, hat die Kranichmutter kein Mitleid und scheint völlig unbeteiligt. Das Küken muss sich aus eigener Kraft in das Nest zurückkämpfen und wird dabei vom Weibchen nicht unterstützt. ▶

Jungenaufzucht

Kranicheltern sichern die Umgebung durch aufmerksame Blickkontrollen mit rund 40 Prozent fast viermal so häufig ab wie Altvögel ohne Junge. Bei Paaren mit zwei Jungen fallen diese Aufwendungen noch einmal höher aus als bei Paaren mit nur einem Küken. Dabei profitiert das Weibchen vom verstärkten Sichern des Männchens und kann seine verbrauchte Energie bei der Produktion der Eier im Körper nach dem Schlupf der Küken schneller ausgleichen. Die Verteidigung des Brutreviers sowie das Abwehren von Feinden übernehmen in der Regel die Männchen. Die Beteiligung des Männchens fördert den Erfolg bei der Aufzucht der Jungen, die in der Regel auf zwei Küken begrenzt ist. Die Jungen wiederum profitieren von den Leistungen ihrer Eltern, denn sie können wohlbehütet in der Wiese selbstständig nach Nahrung suchen. Junge Kraniche müssen einen wesentlichen Teil des Tages Nahrung aufnehmen, um den Energiebedarf für ein schnelles Wachstum abzusichern.

Im Revier der Kraniche werden von den Vögeln bestimmte Kernbereiche bevorzugt genutzt. 80 Prozent der Habitatnutzung erfolgt in der Regel auf einer Fläche von rund 33 Hektar. Der Rest des gesamten Brutreviers wird nur zu 20 Prozent genutzt. Mit Blick auf den heutigen Wissensstand ist in diesem Zusammenhang davon auszugehen, dass der weniger beanspruchte Raum eine Art Ressourcenreserve ist oder als Pufferzone gegen Störreize genutzt wird. Dagegen sind Reviere mit einer Größe von mehr als 150 Hektar wegen der großen Aufwendungen für Absicherung und Verteidigung für die Kraniche unwirtschaftlich.

Kranichküken können sofort schwimmen. ▶

Heimliches Glück der Kraniche. ▶▶

Nahrungserwerb im Brutrevier

Kranichfamilien legen beim Beuteerwerb täglich 3,6 bis 27,6 Kilometer zurück. Dabei beträgt die durchschnittliche Laufstrecke am Tag 14,6 Kilometer. Die aktivste Phase beginnt in der Regel kurz vor Sonnenaufgang und endet kurz vor Sonnenuntergang. Von gelegentlichen Unterbrechungen abgesehen, bleiben die Familien während des gesamten Tages in Bewegung. Neben Käfern bilden auch Raupen einen bedeutenden Anteil an der Nahrung der Kraniche. Spinnen, Wanzen, Zweiflügler sowie nicht näher identifizierte Insekten werden dagegen nur in geringen Mengen gefressen. Reste von Regenwürmern konnten im Kot der Kraniche bisher nicht direkt nachgewiesen werden, doch ist davon auszugehen, dass diese Wirbellosen wahrscheinlich in den Sommermonaten Juni und Juli zufällig erbeutet und gefressen werden. Den größten Anteil an der Pflanzennahrung haben Weizenkörner. Daneben werden andere Pflanzensamen und -früchte im Kot der Kraniche nachgewiesen – beispielsweise Brombeeren. Außerdem werden von den Vögeln grüne Pflanzenteile sowie kleine Steine aufgenommen.

Bei allen Eingriffen in die Landschaft sollte der große Raumbedarf von Kranichfamilien berücksichtigt werden. Der von Landschaftsplanern zu kalkulierende Flächenbedarf sollte nicht unter 150 Hektar liegen. Landschaftsbereiche mit geeigneten Feuchtgebieten und damit auch potentiellen Brutplätzen sollten möglichst unzerschnitten bleiben. Verkehrswege, Energieleitungen und Zäune haben hier nichts verloren. Bereits vorhandene Leitungen können mit verschiedenen Anbauteilen – beispielsweise Kugeln, Spiralen und Bändern – markiert und somit für die großen Schreitvögel sichtbar gemacht werden.

Die für Kraniche günstigste Lösung stellt das Verlegen der Kabel im Erdreich dar. Für ein Management von Brutpaaren könnte eine extensive Landwirtschaft gefördert werden, um eine bessere Verfügbarkeit an Nahrung für die Kranichfamilien in ihrem Revier sicherzustellen. In Gebieten mit einer hohen Dichte an Kranichbrutpaaren – beispielsweise im Naturschutzgebiet „Daschower Moor“ im Landkreis Ludwigslust-Parchim – sollte der Grünlandgürtel im Rahmen des Vertragsnaturschutzes in Etappen gemäht werden. Ungemähte Randstreifen entlang von Gräben, Hecken oder Wirtschaftswegen wirken sich positiv auf die Wiederbesiedlung gemähter Flächen durch Insekten aus und bieten damit den Kranichen Nahrung.

Bestandsentwicklung der Brutvögel

Mecklenburg-Vorpommern ist für den Kranich das wichtigste Bundesland Deutschlands. Einerseits ist er hier als Brutvogel heimisch, andererseits treffen ihn Vogelfreunde und Naturschützer hier als Durchzügler, neuerdings auch als Wintergast an. Für Mecklenburg-Vorpommern und Teilbereiche südwestlich der Müritz sowie auf der Insel Rügen haben die „Vögel des Glücks“ in den zurückliegenden Jahrzehnten eine erstaunliche Entwicklung der Bestände vollzogen und somit ein bedeutendes Kapitel in der deutschen Geschichte des Kranichs mitgeschrieben. Derzeit brüten in Mecklenburg-Vorpommern 4.000 Paare. Vor 45 Jahren gab es nur fünf Prozent des heutigen Bestandes. Damals konzentrierten sich die Brutvögel hauptsächlich im Bereich der Mecklenburgischen Seenplatte. Große Teile des heutigen Bundeslandes waren durch Kraniche noch unbesiedelt. 50 Prozent aller Kranichpaare Deutschlands brüten gegenwärtig in Mecklenburg-Vorpommern.

Der Partner sichert den brütenden Vogel ab. ▶

Im Gegensatz zum heutigen Wissensstand waren die damaligen Bestandserhebungen jedoch zu ungenau. Um eine Vorstellung von den Brutvorkommen um 1900 zu erhalten, wird in der Regel auf die Zusammenstellung von 1907 zurückgegriffen, in der etwa 60 Brutplätze mit 130 bis 170 Paaren für den Raum des heutigen Bundeslandes Mecklenburg-Vorpommern benannt werden. Die erste flächendeckende Erhebung der Brutplätze in den drei Nordbezirken der damaligen DDR – Rostock, Neubrandenburg und Schwerin – wurde in den Jahren 1962 bis 1967 durchgeführt. 190 Brutpaare wurden damals erfasst. Anfang der 1960er Jahre hatte der Kranichbestand zwischen Elbe und Ostsee seinen Tiefpunkt erreicht. Danach kam es zur kontinuierlichen Zunahme, die dazu führte, dass sich die Zahl der Brutpaare bis Ende der 1990er Jahre alle zehn Jahre in etwa verdoppelte. Diese früheren Daten wurden später auch Grundlage weiterer Erfassungen – beispielsweise bei der Rasterkartierung auf der Basis von Messtischblatt-Quadranten von 1978 bis 1982 sowie von 1994 bis 1998. Dabei wurden alle bekannten Brutplätze in Messtischblätter eingetragen, nummeriert und bezeichnet.

Das Landesamt für Umwelt, Naturschutz und Geologie Mecklenburg-Vorpommern digitalisierte die Daten der Brutvorkommen. So können Experten heute die Bestandsentwicklung der Kraniche über 45 Jahre nachzeichnen – auch wenn es früher und auch heute noch Lücken gab und gibt. Die Zunahme der Kranichpaare in den 2000er Jahren ging schneller vonstatten, was auf eine bessere Erfassung in einigen Landkreisen zurückgeführt werden kann. Der Bestand von 2012/2013 lag zwischen 3.800 und 4.000 Paaren. In der entsprechenden Datenbank des Landes sind mit Stand vom Januar 2014 insgesamt 4.176 Brutplätze erfasst. Nicht in jedem Jahr sind alle Brutplätze bekannt, weil einige Reviere als Ausweichplätze dienen oder die Bedingungen für eine Brut nicht ausreichen. Deshalb wird ein Bestand von rund 4.000 Kranichpaaren kalkuliert.

Während der Wanderungen im Herbst und Frühjahr hat die Rügen-Bock-Region für durchziehende und rastende Kraniche aus Skandinavien und Osteuropa eine große Bedeutung. Die Landstriche an Bodden und Meer sind ein wichtiger Trittstein auf der langen Reise quer durch Europa. Mit dem auffälligen Anstieg der Brutpaare im neuen Großkreis Vorpommern-Rügen ist auch die Bedeutung dieser Region als Brutareal sichtbar gewachsen. So sind heute auf dem Festlandbereich des Landkreises 180 Brutpaare des Graukranichs bekannt. Auf der Insel Rügen kommen weitere 42 Paare hinzu. Dagegen ist die genaue Zahl jener Vögel, die den Sommer am Meer verbringen, nicht genau bekannt – wird aber auf 1.400 Kraniche geschätzt.

Brutplatz der Kraniche. ▲

Kranich auf Futtersuche im Brutrevier. ▶

SCHLAFPLATZ DER KRANICHE

Mecklenburg-Vorpommern bietet nicht nur wichtige Brutgebiete für Kraniche, sondern während der Wanderungen im Herbst und Frühjahr auch viele gute und geschützte Schlafplätze. Aus einem instinktiven Schutzverhalten vor Bodenfeinden heraus verlassen Kraniche am Abend das Festland und suchen im Flachwasser einen Schlafplatz für die Nacht auf. In der Rügen-Bock-Region werden mehr als 20 Schlafplätze an Bodden und Meer genutzt – davon zehn auf den Inseln Rügen und Hiddensee. Die meisten Schlafplätze in Mecklenburg-Vorpommern liegen in Naturschutzgebieten beziehungsweise Europäischen Vogelschutzgebieten.

Im Laufe der Jahre haben sich die Kraniche in der Rügen-Bock-Region sowie in den anderen Regionen Mecklenburg-Vorpommerns eine Vielzahl unterschiedlicher Schlafplätze eingerichtet. Immer dann, wenn die eleganten Tänzer ein Quartier für die Nacht brauchen, suchen tausende Kraniche einen sicheren Platz zum Schlafen. In der Rügen-Bock-Region befinden sich ideale Schlafplätze für Kraniche: Seichte Verlandungszonen, stille Buchten und breite Sandbänke in den Boddengewässern, geschützt liegende Seen im Küstenhinterland sowie flach überspülte Windwattbereiche in den Ausläufern und Spülsaumbereichen der Ostsee. Wo immer sich die Flachwasserbereiche der Kraniche für die Nacht befinden – sie liegen entweder im Schutz unter Land oder von breiten Schilfgürteln umgeben. Feuchtgebiete haben für das Sammeln und die Rast der Kraniche eine unterschiedliche Bedeutung in Mecklenburg-Vorpommern. Die an der Ostsee vorkommenden Boddengewässer, Strandseen und Windwatts nehmen im Herbst und Frühjahr große Vogelgruppen auf – so auch die Kraniche.

Im Binnenland gehören zu den Sammel- und Rastplätzen u.a. flache Seebuchten, geflutete Polder und vernässte Wiesen.

Schlafplätze

Mit Blick auf Europa ist Mecklenburg-Vorpommern besonders im Herbst ein wichtiger Raum für das Sammeln und Rasten der Kraniche. Die Zahlen sind in den letzten 24 Jahren deutlich gestiegen, was auch mit den guten Schlafplatzbedingungen durch Renaturierungsmaßnahmen im Zusammenhang steht.

Derzeit werden im Land 76 regelmäßig und 53 temporär besetzte Schlafplätze durch Kranichschützer betreut, die im Maximum von bis zu 150.000 Vögeln angeflogen werden. Das sind rund 45 Prozent jener Kraniche, die den westeuropäischen Zugweg nutzen. Etwa 60 Prozent dieser Schlafplätze nehmen bis zu 1.000 Kraniche auf. Hierbei handelt es sich vorwiegend um einheimische Kraniche, die sich dort sammeln um später in größeren Verbänden weiter nach Süden zu ziehen.

Nach der Brut verbringen diese Vögel ihre gemeinschaftliche Zeit von Ende Juli bis in den November hinein im Einzugsbereich dieser Schlafplätze. Sie machen rund 15 Prozent des Kranichbestandes im Herbst aus.

Unter regelmäßig besetzten Schlafplätzen werden jene Gebiete zusammengefasst, die innerhalb von fünf Jahren mindestens dreimal von Kranichen genutzt wurden. In der Regel sind es die traditionellen Schlafplätze, die jährlich angeflogen werden. Temporäre Schlafplätze entstehen durch starke Regenfälle und damit einhergehenden Überflutungen, so dass sich in Ackersöllen, Ackersenken und vernässten Wiesen nur vorübergehende Schlafmöglichkeiten ergeben. An der Küste weichen die Kraniche bei Stürmen oder Hochwasser ebenfalls auf temporäre Plätze aus.

Bei den Kranichschlafplätzen werden 12 Typen unterschieden:

Typen der Kranichschlafplätze
überstaute Ackersenke
Ackersoll
Grünlandsoll (Teich)
vernässte Wiese
gefluteter Polder
See (flache Bucht)
Boddengewässer
Strandsee
Windwatt
Fischteich
Klärteich
vernässtes Torfmoor

Große Plätze an der Ostseeküste, im Osten Mecklenburg-Vorpommerns und in der Müritzregion nehmen im September und Oktober die meisten rastenden Kraniche aus Skandinavien, Polen und dem Baltikum auf. Es können über 130.000 Individuen sein. 80 Prozent dieser Schafplätze liegen in Naturschutzgebieten beziehungsweise in Europäischen Vogelschutzgebieten.
Etwa 90 Prozent der Kraniche im Herbst versammeln sich, beziehungsweise rasten in geschützten Gebieten, da alle großen Schafplätze nach Paragraph 42 des Bundesnaturschutzgesetzes als besondere Ruhezonen unter besonderem Schutz stehen. 2008 wurden von der Landesregierung Mecklenburg-Vorpommern 60 Europäische Vogelschutzgebiete gemeldet. Nach Paragraph 4 der Landesverordnung für Vogelschutzgebiete vom 12. Juli 2011 gibt es in diesen Gebieten die Verpflichtung, die maßgeblichen Bestandteile der Gebiete in einem günstigen Zustand zu erhalten beziehungsweise diesen wieder herzustellen.
Auf den Kranich bezogen heißt das, dass die für die sich sammelnden oder rastenden Kraniche und ihre benötigten Lebensraumelemente und -anforderungen in einem günstigen Zustand zu erhalten sind.

In der Rügen-Bock-Region nutzen Kraniche gern Schlafplätze an Boddenufern. Hier gibt es breite Flachwasserzonen, es ist ruhig und das Schilf bietet einen zusätzlichen Schutz vor dem rauen Seewind. ◀◀

Sobald des Licht am frühen Morgen kräftig genug scheint, starten die Kraniche in einen neuen Tag und fliegen zur Nahrungssuche auf die Futterflächen. ▶

Beim Abflug vom Boddenufer achten die Kraniche darauf, dass die Familienverbände – bestehend aus Alt- und Jungkranichen – zusammen bleiben. ▶▶

Tagesrhythmus

Während der Herbstrast entwickeln Kraniche einen speziellen Tagesrhythmus, bei dem sie sich mit Einsetzen der Dämmerung noch vor Sonnenuntergang an sogenannten Vorsammelplätzen in der Nähe der Schlafplätze einfinden, um bei größerer Dunkelheit in das Schlafgewässer zu fliegen oder zu gehen. In einigen Fällen werden die Schlafplätze direkt angeflogen, ohne dass ein Vorsammeln stattfindet. Am Schlafplatz übernachten die Kraniche stehend an seichten Stellen. Entstehen im Herbst oder Frühjahr durch starke Regenfälle überflutete Acker- oder Wiesensenken, werden diese als Schlafplätze genutzt und die traditionellen Schlafplätze nicht mehr angeflogen. In solchen Situationen ist die Erfassung der Kranichbestände sehr schwierig, weil an diesen Stellen – falls sie durch die zwischenzeitliche Entstehung überhaupt bekannt sind – nicht verlässlich gezählt werden kann.

Die meiste Zeit des Tages verbrauchen Kraniche für die Nahrungsaufnahme, die vor allem durch Wachen und Putzen unterbrochen wird. Wenn es Ende August bis Mitte September noch heiße Tage mit viel Sonneneinstrahlung gibt, sammeln sich die einzelnen Flüge und Gruppen in den Mittagsstunden an Wasserstellen im Einzugsgebiet – beispielsweise an Bächen, Bewässerungsgräben und periodischen Feuchtflächen – oder an den Schlafplätzen. Diese Ansammlungen sind umso größer, je geringer das Wasserangebot in der Umgebung ist. Dann ruhen und trinken die Vögel, wozu besonders die Zeitspanne zwischen 11.00 bis 15.30 Uhr genutzt wird. Anschließend verteilen sich die Kraniche wieder über die Nahrungsflächen, wobei aber die Fressintensität am Nachmittag meistens geringer als in den frühen Morgenstunden ist. Häufiges Umschauen dient nicht nur der eigenen Sicherheit, sondern auch der Bobachtung des Nahrungserfolges anderer Kraniche. Der besondere Vorteil des Zusammenschlusses vieler Kraniche zu größeren Gruppen liegt sicherlich darin begründet, gemeinsam neue Nahrungsquellen zu finden und die individuelle Zeit des Wachens und Warnens zu reduzieren. Nachteile bestehen in der Zunahme aggressiver Handlungen zwischen den Kranichen bei ansteigender Gruppengröße und Belegungsdichte, weshalb sich viele Kranichfamilien vorzugsweise in kleineren Gruppen aufhalten.

Durch die geringere Erfahrung der Jungvögel bei der Nahrungsaufnahme kommen sie in großen Scharen entsprechend zu kurz. Wenn Kraniche dicht gedrängt stehen, ist die Wahrscheinlichkeit einer Zunahme der Aggressivität sowie von Streitereien größer. Daher stehen Kranichfamilien auch am Schlafplatz vorzugsweise in den Randbereichen. Im Laufe der vielen Jahrhunderte der Evolution haben Kraniche gelernt, die aufkommende Aggressivität nicht in Kämpfen, sondern in Tänzen zu klären. Vögel, die aneinander geraten, bauen aggressive Verhaltenstendenzen durch Verbeugungen, Tanzbewegungen und Luftsprünge ab. Nur bei den halbstarken, noch nicht geschlechtsreifen Kranichen, kann es hin und wieder zu einzelnen Raufereien kommen, die sich jedoch meistens in Luftsprüngen und Gefechten um die Lufthoheit erschöpfen und in der Regel glimpflich und ohne Verletzungen enden.

Tanz der Kraniche im Schnee: Wenn die Vögel Anfang März aus den südlichen Winterquartieren kommen, kann im rauen Küstenland Mecklenburg-Vorpommern vielerorts noch Schnee liegen. ▶

Kampf der Halbstarken: Kraniche im Jugendkleid geraten bei der Futtersuche im Rastgebiet schnell aneinander und loten in Kämpfen ihre Stärke aus. ▶▶

AM SCHLAFPLATZ BEOBACHTET

Belauscht

Dichter Nebel hat sich wie ein graues Tuch über die Landschaft gelegt. Das Wasser, das Schilf, der schmale Durchfluss zwischen Bodden und See – alles ist hinter nassen Vorhängen verborgen. Nur schemenhaft sind in der Nähe des Schilfgürtels große Vögel zu erkennen. Es sind Kraniche, die die seichte Boddenbucht und den flachen See auf Rügen seit vielen Jahren als Schlafplatz nutzen. Im Hinterland der Halbinsel Jasmund, zwischen den weißen Kreidefelsen auf der einen und den blauen Ostseewellen auf der anderen Seite, ist es der wichtigste Anlaufpunkt für die „Vögel des Glücks". Immer dann, wenn das Herbstlicht im September und Oktober schwächer wird, kommen die Kraniche hierher. Wenn die eleganten Tänzer ein Quartier für die Nacht brauchen, suchen hier bis zu 5.000 Vögel einen sicheren Platz zum Schlafen. Zwischen Bodden und Ackerland liegen zwei Seen – ein großer und ein kleiner. Im Laufe der Jahre haben sich die Kraniche hier zwei größere Schlafplätze eingerichtet: Einen im Flachwasserbereich des Boddens im Schutz eines breiten Schilfgürtels sowie einen auf einer Sandbank im kleinen See – ebenfalls im Schutz hoher Schilfpflanzen. Beide Gewässer, der Bodden und der See, sind durch einen flachen Durchfluss miteinander verbunden.

Allmählich werden die Kraniche munter. Die stolzen Vögel bereiten ihren Start in einen neuen Tag am Kranichrastplatz Ostseeküste vor. Einzelne Kraniche recken, strecken und putzen sich. Andere wiederum schlagen mit den Flügeln – als würden sie die nassen Vorhänge beiseite schieben wollen.

Alles, was Kraniche in ihrem Leben tun, wird von lauten Trompetenrufen begleitet. Es sind sehr ruffreudige Vögel, die ihrem inneren Gefühlsleben akustisch Ausdruck verleihen. Zwischen den beiden Schlafplätzen am Boddenufer und im See werden Brücken der Verständigung gebaut. Als die Nebelschwaden allmählich lichter werden und die Sicht an diesem grauen Morgen ausreichend ist, steigen einige Kraniche vom Boddenufer auf, vollführen wenige leichte Flügelschläge, gleiten entlang des schmalen Durchflusses zwischen Bodden und See dahin, um schließlich auf der Sandbank im See niederzugehen. Andere Kraniche vollziehen diese kurzen Flüge in umgekehrter Richtung. Gruppen von Kranichen, die beim abendlichen Anflug zum Schlafplatz voneinander getrennt wurden, finden sich auf diese Weise zusammen und schaffen die Voraussetzungen für einen geordneten Abflug zu den Nahrungsflächen.

Inzwischen haben die Kraniche im Nebel Gesellschaft bekommen: Höckerschwäne und Stockenten umschwimmen die „Vögel des Glücks". Nur noch wenige Augenblicke vergehen – die Kraniche erheben sich nacheinander aus dem Wasser, formieren sich zu kleineren Gruppen und verlassen den Schlafplatz in Richtung Nahrungsflächen. Wenig später hat auch der letzte Kranich die Flachwasserbereiche verlassen.

Dicht gedrängt stehen die Kraniche am Boddenufer. ▶

Kraniche und Schwäne nutzen einige Schlafplätze gemeinsam. ▶▶

Beobachtet

Wenige Tage später hat der starke Wind der letzten Tage das Wasser aus der flachen Bucht herausgedrückt und weitläufige Schlickflächen freigelegt.

Dicht gedrängt stehen hunderte Kraniche am Ufer des Großen Jasmunder Boddens, die sie seit vielen Jahren bei der Herbstrast auf der Insel Rügen als Schlafplatz nutzen. Im Schutz eines breiten Schilfgürtels haben die großen Vögel die Nacht stehend im Flachwasser verbracht. Plötzlich drängen sich die grauen Vogelleiber ganz dicht zusammen.

Wie zu einem einzigen Organismus verschmolzen, wogt die vielbeinige Vogelschar hin und her. Grund für die Aufregung unter den Kranichen sind zwei Seeadler, die ihren Aussichtspunkt am Ufer des Boddens in morgendlicher Frühe bezogen haben. Von einer trockenen Birke aus, die nahe des Durchflusses zwischen dem Bodden und dem kleinen See steht, haben die mächtigen Greifvögel nicht nur einen freien Blick über die Schilfgürtel, Baumreihen und Wasserflächen zweier Seen, sondern auch einen direkten Einblick in die seichte Boddenbucht – in den Schlafplatz der Kraniche.

Das Seeadlermännchen, das zu einem kurzen Pirschflug gestartet ist, versetzt die Kraniche in Angst und Schrecken. Obwohl es der König der Lüfte gar nicht direkt auf die majestätischen Schreitvögel abgesehen hat und keinen ernst gemeinten Angriff fliegt, reicht allein sein Auftauchen für Panik unter den potentiellen Beutetieren.

Wann immer Seeadler auf breiten Schwingen Schilfgürtel, Uferböschungen, Meeresufer oder freie Wasserflächen überfliegen, steigen alle Wasservögel der Umgebung auf. In der Luft geben viele Vogelleiber und noch mehr schlagende Flügelpaare kein gutes Ziel für die mächtigen Greifvögel ab.

Die Kraniche ziehen es vor, den Schlafplatz am stillen Boddenufer zu verlassen. Mit der Ruhe ist es ohnehin vorbei und die Futterflächen auf dem Festland locken mit den Körnerresten der letzten Ernte. Unzählige Flügel peitschen die Luft, Vogelkörper für Vogelkörper erhebt sich und lässt den Ruheplatz der letzten Nacht hinter sich. Zurück bleiben die Seeadler, die den abziehenden Kranichen mit schaukelnden Köpfen nachschauen. Kaum ist die große Vogelschar am Horizont verschwunden, kehrt wieder Ruhe am stillen Boddenufer ein.

Eine ausgiebige Gefiederpflege ist wichtig. ▲

Jagende Seeadler sorgen für Panik unter Kranichen. ▶

Kraniche verlassen den Schlafplatz. ▶▶

REISE NACH SÜDEN

Wenn die Kraniche im Oktober die Rügen-Bock-Region wieder verlassen, tauchen sie wenig später in Frankreich auf. Auf ihrer Reise nach Süden legen tausende Kraniche am Lac du Der-Chantecoq – einem riesigen Stausee in der Region Champagne-Ardenne – einen Zwischenstopp ein. Bei diesem Massenabzug der Kraniche von der vorpommerschen Boddenküste überfliegen etwa 100.000 Kraniche Deutschland. 50.000 Kraniche, die Frankreich später wieder verlassen und dabei die Pyrenäen überqueren, überwintern gemeinsam mit 100.000 weiter südlich gereisten Artgenossen in der spanischen Extremadura.

Die Auslöser für das einsetzende Zugverhalten bei Kranichen im Herbst stehen und fallen mit den Veränderungen der klimatischen Bedingungen und dem Vorhandensein entsprechender Nahrungsgrundlagen. Kommt der Winter in Nordeuropa recht früh mit Frost, Eis und Schnee, finden die Kraniche in diesen Gebieten keine Nahrung mehr. Sie machen sich auf den Weg in den wärmeren Süden. So lange Nahrung in Deutschland verfügbar ist, bleiben viele Kraniche hier. Obwohl die meisten Kraniche nach wie vor in Spanien überwintern, sind die französischen Rastgebiete – Lothringen, Champagne-Ardenne, Zentral-Frankreich und Aquitaine – heute für die Vögel auf der Westeuropäischen Zugroute von großer Bedeutung.

Im Frühjahr gibt es für das einsetzende Zugverhalten bei Kranichen dagegen nur einen Auslöser – die hormonelle Umstellung des Körperhaushaltes der geschlechtsreifen Vögel. Sie möchten so schnell wie möglich zur ihren Nistplätzen im Norden gelangen, um zu brüten.

Zugverhalten

Wenn die Nahrungsgrundlagen Ende Oktober zur Neige gehen und sich das Küstenwetter mit Sturm, Regen und ersten Nachfrösten Anfang November von seiner rauen Seite zeigt, verlassen die Kraniche die Rügen-Bock-Region in Richtung Süden. Der komplette Abzug der Kraniche von der Küste erfolgt meist bis Mitte November. Die von Osten kommenden Durchzügler aus dem Baltikum und Polen fliegen in der Regel zuerst die Rastplätze in der Nähe des Oderhaffs an – beispielsweise den Galenbecker See sowie die Schlafplätze an den Flüssen Peene und Trebel. Das passiert frühestens Mitte September. Bei stärkerem Zugaufkommen fliegen die Kraniche weiter landeinwärts in die Müritzregion, wo sie die dortigen Sammelgemeinschaften aufstocken. Zuzug im Binnenland findet in der Regel erst Ende September, verstärkt im Oktober statt.

Kraniche bei der Futtersuche. ▶

Kraniche legen zunächst im Rastgebiet täglich kleinere Flugstrecken in einem Radius von 20 Kilometern zurück. Später absolvieren sie innerhalb weniger Stunden große Tageszugleistungen von 400 bis 800 Kilometern. Diese Flüge führen die Vögel von der Rügen-Bock-Region in die Diepholzer Moorniederung nach Niedersachsen beziehungsweise bis zum Stausee Lac du Der-Chantecoq nach Frankreich. Damit können Durchzug und Rast sehr dynamisch und schnell erfolgen. Wenn Kraniche durch Schlechtwetterperioden für längere Zeit an einem Ort verweilen müssen, können die Vögel diesen Zugstau durch das Absolvieren größerer Flugstrecken kompensieren. Durch die Besenderung von Kranichen und die Beobachtung der Vögel mittels Global Positioning System (GPS) sowie der Überwachung der Zugkorridore mittels Radargeräten konnte nachgewiesen werden, dass Kraniche im Extremfall 2.000 Kilometer nonstop fliegen können. Sie warten im Herbst auf ein Hochdruckgebiet in einer bestimmten Wetterlage um mit den Winden und der Thermik Kräfte sparend aus dem Norden in den warmen Süden zu ziehen –im Frühjahr fliegen sie in umgekehrter Richtung. Im Frühling, wenn die Kraniche ihre Brutplätze rasch erreichen möchten, legen sie die größeren Strecken nonstop zurück und fliegen dabei öfter auch nachts. Daher verläuft der Frühjahrszug der Kraniche im Vergleich zum Herbst, weitgehend vom Menschen unbemerkt und stellt sich somit nicht als spektakuläres Naturschauspiel dar. Die Flughöhe ist abhängig von den Luftströmungen. Sie liegt im Durchschnitt zwischen 300 und 1.500 Metern. Die Geschwindigkeit ziehender Kraniche beträgt zwischen 40 und 60 Kilometern in der Stunde. Bei Rückenwind schaffen die Kraniche sogar zwischen 80 und 100 Kilometer pro Stunde.

Für den Westeuropäischen Zugweg werden aktuell rund 300.000 Kraniche geschätzt. Die Ergebnisse der Synchronzählungen der Jahre 2012 und 2013 belegen, dass rund 45 Prozent dieses Gesamtbestandes zeitgleich Mitte Oktober Mecklenburg-Vorpommern als Rastgebiet nutzen. Noch vor wenigen Jahrzehnten flog der überwiegende Teil der Kraniche, die auf dem Westeuropäischen Zugweg unterwegs sind, in ihre traditionellen Überwinterungsgebiete in die Extremadura und nach Andalusien in Spanien. Sind die Schlafgewässer nicht dauerhaft zugefroren und die Nahrungsflächen nicht von einer geschlossenen Schneedecke überzogen, können Kraniche auch weiter nördlich überwintern. Mithilfe der in Mecklenburg-Vorpommern beringten und besenderten Vögel konnte eine drastische Verkürzung der Zugstrecken von Kranichen aus Deutschland von durchschnittlich 2.041 Kilometer im Jahr 1997 auf 677 Kilometer im Jahr 2007 nachgewiesen werden. Aufgrund milder Winter und neuer Feuchtgebiete entlang des westeuropäischen Zugweges überwintern immer mehr Kraniche bereits in Frankreich. Alljährlich verbringen hier 20.000 bis 30.000 Vögel den Winter. Immer mehr Kraniche bleiben sogar ganz in Deutschland.

In Frankreich werden die Kraniche auf den Feldern rund um den Stausee Lac du Der-Chantecoq gefüttert. Wie in Deutschland auch, werden diese Fütterungen in Frankreich von den örtlichen Naturschutzverbänden und Kranichschutzorganisationen koordiniert und durchgeführt – zum Wohl der rastenden Vögel. ◀◀

Wenn die Kraniche ihre Winterquartiere in der spanischen Extremadura erreicht haben, gehen sie inmitten kleiner Steineichenwälder nieder, um sich an den Eicheln dieser Bäume satt zu fressen. ▶

Kranichgebiete in Frankreich

Zu den bekanntesten Rastplätzen Frankreiches gehört der Stausee Lac du Der- Chantecoq. Seit vielen Jahren wird er von Kranichen zum Rasten und Überwintern genutzt. Zwischen 60.000 und 80.000 Kraniche halten sich hier in Spitzenzeiten auf. Nahrung bieten Maisstoppelfelder und Gerstensaaten in der näheren Umgebung des Sees.

Der Lac du Der-Chantecoq in der südlichen Champagne ist mit knapp 48 Quadratkilometern der größte Stausee in Frankreich und besonders bei Naturfreunden wegen seiner Lage im dünn besiedelten Nordosten Frankreichs bekannt. Die Bauarbeiten an dem Stausee, der 1974 als Rückhaltebecken für Hochwasser eröffnet wurde, begannen bereits 1966. Dort, wo heute bis zu 350 Millionen Kubikmeter Wasser hinter hohen Deichen gestaut werden können, befanden sich früher Dörfer, Gehöfte, Hecken und Wald.

„Der" kommt vom keltischen Wort für „Eiche" – der Baum für den Hausbau und die typischen Fachwerk-Kirchen der Region. „Chantecoq" ist der Name eines der drei überfluteten ehemaligen Dörfer, die im heutigen Seegebiet lagen. Der „See der Eichen" ist einer von vier Stauseen, die im 20. Jahrhundert in der Region geschaffen wurden. Sie können den Fluss regulieren und das Risiko von Überschwemmungen reduzieren.

Der Wasserstand des Sees schwankt stark. Er erreicht jährlich im Juni mit maximal 15 Metern Wassertiefe seinen Höchststand, um dann bis zum Dezember auf bis zu zehn Meter abzusinken. Das gestaute Wasser wird im Sommer und Herbst nach und nach wieder aus dem Rückhaltebecken herausgelassen. So entstehen gegen Ende des Sommers viele Flachwasserbereiche im Schutz breiter Schilfgürtel, die von zahlreichen Vogelarten zum Rasten genutzt werden. Zu jenen Vogelarten, die den See zum Ausruhen, Schlafen und zur Nahrungssuche nutzen, gehören neben dem Kranich beispielsweise auch der Zwergschwan und die Blässgans, Pfeif-, Krick- und Schellente, der Gänsesäger, der Kormoran, die Seiden-, Silber- und Purpurreiher sowie der Große Brachvogel, die Bekassine und die Fluss-Seeschwalbe.

Wenn ab dem 27. Oktober in Frankreich starke Nordwestwinde aufkommen, überfliegt ein großer Teil der ziehenden Kraniche die Pyrenäen – in der Region Tarn-et-Garonne sind es an manchen Tagen 10.000 Kraniche in zwei Stunden. Die zweite Welle der Wanderungen startet in Frankreich zwischen dem 13. und 15. November. Wiederum sind es rund 30.000 Kraniche, die sich auf den Weg nach Spanien machen. Die dritte und letzte Welle der Kraniche trifft zwischen dem 6. und 8. Dezember in Frankreich ein. In den nordöstlichen Regionen, am Lac du Der- Chantecoq überwintern etwa 8.000 Kraniche – alle anderen ziehen weiter in die Extremadura nach Spanien.

Blick auf die weitläufige Wasserfläche des Stausees Lac du Der-Chantecoq im Südwesten Frankreichs. Anfang November verweilen hier zeitgleich bis zu 200.000 Kraniche, von denen etwa 150.000 Vögel die Pyrenäen in Richtung Spanien überqueren. ▶

Wenn die Kraniche in Spanien den Stausee Cubilar verlassen, um zu den Steineichen in der Serena zu fliegen, passieren sie die Gebirgskette Sierra de Tiros. ▶▶

Winterquartiere in Spanien und Portugal

Mit bis zu 150.000 Kranichen ist und bleibt die Extremadura im Südwesten Spaniens das wichtigste Überwinterungsgebiet für die Graukraniche aus Europa. Hier existiert eine unerreicht große Vielfalt an Pflanzen- und Tierarten, insbesondere an Vögeln. Eine derart hohe Artenvielfalt findet sich kaum anderswo in Europa. Viele Greifvogelarten kreisen in der Thermik über den Gebirgsketten und Ebenen, die mit immergrünen Steineichen bedeckt sind. Die 150.000 Kraniche aus Skandinavien und Mitteleuropa nutzen dafür eine Region in Spanien, die nicht nur die älteste Kulturlandschaft des Landes ist, sondern mit der Sierra, der Dehesa und der Steppe ein landschaftlich vielgestaltiges Gesicht zeigt.
Im Sommer heizt sich die Extremadura bis auf 40° C auf – in der Nacht fällt das Thermometer dagegen oftmals auf den Gefrierpunkt. Hinzu kommen regenreiche Winter. Ein Klima, das einen mediterranen Charakter besitzt. Karge Böden bedecken Gestein, das mit einem Alter von über 500 Millionen Jahren zum erdgeschichtlich ältesten Gestein der Iberischen Halbinsel gehört.

In der Extremadura, die mit 41.634 Quadratkilometern die Größe der Schweiz erreicht, befindet sich die Region Badajoz – eine von 17 autonomen Regionen in Spanien. Hier verbringen alljährlich viele Kraniche den Winter. In kleinen, mit Steineichen bestandenen Wäldern ernähren sie sich von den Früchten, den Steineicheln. Zwischen Gebirge und Steppe bekommen die Kraniche Konkurrenz auf breiten Schwingen, denn am Himmel über der Serena ziehen Gänse-, Mönchs- und Schmutzgeier ihre Kreise. Hinzu gesellt sich der mächtige Kaiseradler.

Wenn ein Gänsegeier über einem Wäldchen voller Steineichen – auch Dehesa genannt – kreist, ist das der Inbegriff für die faszinierende Natur der Extremadura.

Die jährliche Erfassung der Kraniche im spanischen Winterquartier ist in diesem riesigen Gebiet äußerst schwierig, da die Vögel zum Teil erst in der Dunkelheit an den Schlafplätzen auftauchen oder zunächst weiter entfernte Vorsammelplätze nutzen. Die Zona centro, ein etwa 100.000 Hektar großes und intensiv landwirtschaftlich genutztes Gebiet, ist die bedeutendste Überwinterungsregion für Kraniche in der Extremadura. Hier suchen die „Vögel des Glücks" in der Nähe der Ortschaften Casas de Don Pedro, Acedera, Logrosán Valdehornillos und Madrigalejo überwiegend auf Reis- und Maisfeldern nach Nahrung. Die Nächte verbringen die Kraniche an über 25 Stellen in Stauseen und in gefluteten Reisfeldern. In manchen Wintern versammeln sich hier zwischen 20.000 und 30.000 Kraniche.

Kraniche am Gebirgspass Puerto Mejoral. ▶

Gänsegeier im Nationalpark Monfrague. ▼

Die Faszination der Serena beruht auf einer einzigartigen Mischung verschiedener Landschaftsbilder. Jeden Morgen und jeden Abend gleiten die Kraniche auf dem Weg vom Schlafplatz zur Futterfläche oder umgekehrt über die Serena dahin – eine ebene, steppenartige und hügelige Landschaft, die vielerorts mit schroffen Steinformationen gespickt ist. In der Region La Serena überwintern durchschnittlich 5.500 Kraniche. Auf die größten Populationen trifft man in den Dehesas von Quintana de La Serena, Castuera, Benquerencia de la Serena und Monterrubio de la Serena. Die Nahrungs- und Schlafplätze sind weit voneinander entfernt. Bei ihren täglichen Flügen müssen die Kraniche verschiedene Bergketten und -massive überwinden.

Der Winteraufenthalt der Kraniche in Spanien dauert mindestens sechs Wochen zwischen der Zeit der letzten Ankünfte Ende Dezember und den ersten Aufbrüchen Mitte Februar. Der Zeitraum im südlichen Winterquartier kann aber drei und mehr Monate betragen. Auf der Iberischen Halbinsel existieren rund 50 traditionell genutzte Überwinterungsplätze – in Portugal sind nicht mehr als zwei bis drei Standorte bekannt. Letztere liegen in der Region Alentejo. Alle Kranichrastplätze auf der Iberischen Halbinsel befinden sich südlich des 42. Breitengrades – Villafáflila und die Laguna de Gallocanta sind dabei die nördlichsten Rastplätze. Die Südgrenze des Verbreitungsgebietes erreicht die Straße von Gibraltar – und der südlichste Platz war die inzwischen trockengelegte Laguna de La Janda. Die typischen Winterplätze der Kraniche in Spanien liegen in den ausgelichteten Steineichenwäldern, die in den letzten Jahrhunderten nahezu unverändert blieben. Hier versammeln sich alljährlich dieselben Kranichgruppen, die zwischen einigen Dutzend und 200 bis 500 Vögel stark sind. Einige Beispiele dafür sind Borbollón, Gabriel y Galán und Aldea del Cano, wo die Kraniche wie in früherer Zeit überwintern.

1960 gab es noch 150 Überwinterungsstätten in Spanien. Aber die Umwandlung von weiten Dehesas im Südwesten Spanien in Getreideanbaugebiete und bewässertes Farmland beseitigte Überwinterungsplätze und führte zur Vereinigung ehemals kleiner Kranichgruppen in wenige große Scharen.

Die Variabilität der Kranichzahlen zwischen verschiedenen Plätzen zeigen beispielsweise Buenaventura mit 100 bis 150 Vögeln und Navalvillar de Pela mit rund 6.000 Kranichen. Besonders der große See Laguna de Gallocanta auf einem 1.200 Meter gelegenen Hochplateau hat in den letzten Jahrzehnten für überwinternde Kraniche immer mehr an Bedeutung gewonnen. Am 20. Februar 2014 wurden hier rund 56.000 Kraniche gezählt. Die flache, 1.400 Hektar große Lagune ist seit 1995 sowohl ein Feuchtgebiet von internationaler Bedeutung als auch ein nationales Naturschutzgebiet. Nahrung finden hier die Kraniche auf entfernt liegenden Mais- und Sonnenblumenfeldern.

Kraniche durchfliegen den Wald der Steineichen. ◀◀

In einem Steineichenwald – einer so genannten Dehesa – fressen Kraniche die Früchte dieser kleinwüchsigen Bäume, die herabgefallen sind. ▶

Wenn ein großer Kranichschwarm auf einer Futterfläche niedergegangenen ist, teilen sich die fressenden und sichernden Vögel gleichmäßig auf. Besonders in unübersichtlichen Gebieten – wie hier auf einer Waldwiese in Frankreich – müssen die scheuen Vögel besonders gut aufpassen. ▶▶

KRANICHSCHUTZ

Da die meisten Kranicharten von ihren Aktionsradien her Kosmopoliten sind, bieten sie gute Ansatzmöglichkeiten für einen länderübergreifenden Natur- und Artenschutz.

Schutzbemühungen in Deutschland

In ***Deutschland*** hat der Kranichschutz einen herausragenden Stellenwert. Seit den 1970er Jahren betrieben die Umweltstiftung WWF-Deutschland (World Wide Fund for Nature) und der NABU (Naturschutzbund Deutschland) jeweils eigene Kranichschutzprojekte in Niedersachsen, Hamburg und Schleswig-Holstein. Zu DDR-Zeiten kümmerten sich Mitglieder des „Arbeitskreises zum Schutz vom Aussterben bedrohter Tierarten in der DDR" jahrzehntelang um eine intensive Kranicherfassung sowie um einen nachhaltigen Schutz dieser Vögel.

Nach 1990 kam es zu Gründungen von gemeinsamen deutschen Vereinigungen zum Schutz der Kraniche. 1991 gründeten die ost- und westdeutschen Kranichschützer gemeinsam mit der Lufthansa, Bereich Umweltförderung, die Arbeitsgemeinschaft „Kranichschutz Deutschland".

1996 wurde die gemeinnützige Kranichschutz Deutschland GmbH mit dem NABU und dem WWF als Gesellschafter gegründet. Namhafte Akteure dieser Arbeitsgemeinschaft sowie anerkannte Kranichexperten sind unter anderem Günter Nowald, Carl-Albrecht von Treuenfels, Wolfgang Mewes, Hartwig Prange und Thomas Tennhardt.

Im September 1996 eröffnete der Kranichschutz Deutschland in Mecklenburg-Vorpommern das Kranich-Informationszentrum in Groß Mohrdorf nahe der Hansestadt Stralsund. Die dortige attraktiv und modern gestaltete Dauerausstellung zum Graukranich wirft einen Blick auf alle anderen 14 Kranicharten der Welt, stellt in interessanten und informativen Filmen Brut, Jungenaufzucht und Wanderungen der Graukraniche vor. Besonders im Herbst, wenn mit dem Zug der Kraniche im vorpommerschen Küstenland eines der letzten Naturschauspiele Mitteleuropas erlebbar wird, hat das Kranich-Informationszentrum in Groß Mohrdorf Hochkonjunktur. Zahlreiche Kranich-, Vogel- und Naturfreunde kommen in das Zentrum, um sich einen Überblick über die aktuellen Rastplatzzahlen sowie Tipps für die Kranichbeobachtung zu holen. Einer der jährlichen Höhepunkte ist die „Woche des Kranichs", die traditionell im September zu Beginn des herbstlichen Kranichzuges rund um Groß Mohrdorf, in der Hansestadt Stralsund, auf den Halbinseln Darß und Zingst sowie auf der Insel Rügen durchgeführt wird.

Im Kranich-Informationszentrum wird ganzjährig die wissenschaftliche Arbeit an den Kranichen organisiert, koordiniert und durchgeführt. Im Herbst erfolgen an den Schlafplätzen der Kraniche an genau festgelegten Tagen zeitgleiche Synchronzählungen. Es werden die Rastplatzzahlen und generell die Zählungen ausgewertet und dokumentiert.

Im zeitigen Frühjahr werden Kontrollen der Brutreviere und Neststandorte durchgeführt sowie die Kartierung der Brutpaare vorgenommen. Im Sommer werden im küstennahen Wiesen- und Weideland noch nicht flugfähige Jungkraniche gefangen, beringt, mit einem Sender versehen und wissenschaftlich untersucht.

Tanz der Kraniche. ▲

Kraniche bei der Futtersuche im Winterquartier ▶

Kraniche im Abendrot. ▶▶

Schutzbemühungen in Europa

In Europa werden von den jeweiligen nationalen Teams Kraniche einheitlich nach den Vereinbarungen der European Crane Working Group beringt. Im Rahmen dieses Projektes wurden Jungkraniche in Mecklenburg-Vorpommern zusätzlich zur Beringung auch mit Peilsendern ausgestattet. Dabei erhalten die zwei bis drei Kilogramm schweren Jungvögel einen Sender, der etwa 30 Gramm wiegt und im Rückengefieder der Kraniche untergebracht beziehungsweise befestigt wird. Die Distanzen der empfangenen Signale schwanken je nach Bodenrelief und Vegetation zwischen zwei und sieben Kilometern. Die Kapazität der Batterie reicht für eine Sendedauer von maximal zwei Jahren. Das Anpeilen der Kraniche im Brutrevier erfolgt alle fünf Minuten synchron jeweils von zwei Antennenstationen aus, die an günstigen Positionen in der Landschaft aufgebaut werden. Der Abstand zum Kranichrevier beträgt etwa einen Kilometer, um das Verhalten der Vögel nicht zu beeinflussen.

Weil Kraniche auf ihren Wanderungen quer durch Europa gleich mehrere Länder überfliegen, in ihnen rasten oder überwintern, ist der Schutz dieser Vögel kein reines nationales Anliegen, sondern erfordert länderübergreifende Maßnahmen sowie einen intensiven Erfahrungsaustausch. Nur so kann langfristig garantiert werden, dass sich die Bestände dieser Vogelart erholen beziehungsweise stabil bleiben können. Deshalb gibt es zwischen Deutschland, Schweden, Frankreich und Spanien Kooperationsprojekte. Bei den telemetrischen Beobachtungsmethoden wird auf gleichen Frequenzbereichen gearbeitet, so dass neue Erkenntnisse – beispielsweise über Nahrungsflächen – untereinander ausgetauscht werden können. Workshops mit Kranichschützern aus Polen und den baltischen Staaten dienen dazu, Erfahrungen auszutauschen und über die Arbeit im jeweiligen Land zu berichten. Auch die Farbberingung ist ein europaweites Projekt und dient unter anderem der Erforschung des Zugverhaltens.

Alle wissenschaftlichen und gesellschaftlichen Arbeiten rund um den Grauen Kranich in Europa werden von der European Crane Working Group (ECWG) erarbeitet, umgesetzt und koordiniert. Die seit 1989 länderübergreifend agierende Initiativgruppe ist ein Zusammenschluss von Kranichschützern nationaler Arbeitsgruppen. Die jährlichen Tagungen der europäischen Kranichschützer finden in wechselnden Ländern statt und werden von den jeweils verantwortlichen Nationen organisiert und durchgeführt. Die schwedische Arbeitsgruppe ist beispielsweise eine Vereinigung innerhalb der Schwedischen Ornithologischen Gesellschaft. Sie hat sich als Aufgabe gestellt, in *Schweden* den Schutz, die Forschung und die Öffentlichkeitsarbeit zum Kranich zu organisieren.

In ***Frankreich*** koordinieren die Mitglieder der Arbeitsgruppe (Groupe Grues France) verschiedene Schutz- und Forschungsprojekte. Diese sind eingebettet in die Arbeit der Ligue pour la Protection des Oiseaux (LPO) und von Naturschutzbehörden. Viel Aufmerksamkeit verwenden die französischen Kranichschützer für die seit 1985 in Frankreich brütenden Kranichpaare und für die überwinternden Kraniche, die in ihrer Zahl ständig steigen und an geeigneten Stellen auch gefüttert werden.

In ***Spanien*** existieren verschiedene Arbeitsgruppen. Die Brüder Javier und Juan Carlos Alonso bearbeiten wissenschaftliche Projekte zum Nahrungserwerb der Kraniche und zur Nahrungsflächenwahl in Abhängigkeit vom Angebot und der Feldgröße.

Außerdem verwalten sie die Zentraldatenbank der Farbberingung von Kranichen in Europa. An der Laguna de Gallocanta bemüht sich die Ornithologengruppe „Freunde von Allucant“ um die Erforschung der Raumnutzung und der Populationszusammensetzung der rastenden und überwinternden Kraniche anhand beringter und mit Sendern ausgestatteter Vögel. Hingegen führt die Naturschutzorganisation ADENEX in der spanischen Extremadura überwiegend Schutz- und Monitoringprojekte durch. Die spanischen Kranichexperten bewirtschaften ein eigenes Netz erworbener oder gepachteter Schutzgebiete mit einer Fläche von rund 18.000 Hektar und haben damit die traditionellen Überwinterungshabitate – die lichten Stein- und Korkeichenwälder erhalten. Viele ihrer Projekte beinhalten auch die Umwelterziehung und den Naturtourismus.

In *Portugal* untersuchen Mitarbeiter des Instituto da Conservacao da Natureza die Ernährungsgewohnheiten und die zugehörige Raumnutzung der Kraniche in ihrem portugiesischen Überwinterungsgebiet. Beringungsaktionen, wie sie 1989 bis 1992 in Spanien erfolgreich durchgeführt wurden, schlugen in Portugal bisher fehl.

In ***Tschechien*** kümmern sich die Mitarbeiter der Czech Crane Working Group um die noch kleine, doch wachsende Brutpopulation.

In der damaligen ***Sowjetunion*** (UDSSR) forschte eine große Gruppe von Wissenschaftlern in den verschiedenen, inzwischen selbstständig gewordenen Ländern am Kranich, woraus eine große Anzahl von Publikationen entstand. Heute gibt es Arbeitsgruppen in den baltischen Staaten – vor allem in Estland sowie in Weißrussland, in Russland und in der Ukraine.

In *Ungarn* leiten eine intensive Arbeit zum Schutz des Kranichs die Mitarbeiter des Nationalparks Hortobagy.

Im Schutz uriger Bäume suchen die Kraniche in der spanischen Extremadura nach Nahrung. ◀◀

Stehen am Futterplatz zusammen: Alt- und Jungkranich. ◀

Alt- und Jungkranich zusammen bei der Futtersuche im Winterquartier ▲

Schutzbemühungen weltweit

In den USA wurde 1973 auf einer ehemaligen Pferdefarm in Baraboo im Staat Wisconsin der USA von Ron Sauey und George Archibald die International Crane Foundation (ICF) gegründet. Ihre Ziele sind die Forschung rund um den Kranich und der Feuchtgebietsschutz. Außerdem werden die Vermehrung und Wiedereinbürgerung seltener und vom Aussterben bedrohter Arten – insbesondere des Schreikranichs und des Schneekranichs – durchgeführt. Auch die Fortbildung von Menschen sowie die Erkundung der Vorkommen und der Schutz der Lebensräume aller bedrohten Kranicharten der Erde gehören zu den Aufgaben der IDF. So wurden beispielsweise Forschungsarbeiten in den USA, Kanada, Japan, Südkorea, Iran und Australien, in Indien, Afghanistan, Pakistan durchgeführt. Auf dem fast 100 Hektar großen Gelände der ICF wurden ein Kranichpark, eine große Zuchtstation, eine Bibliothek (Ron Sauey Memorial Library) und ein Gästehaus errichtet. Zehntausende Besucher werden hier mit den Kranichen und ihrem Leben in der amerikanischen Prärie bekannt gemacht. Der ICF – heute unter der Leitung von Jim Harris – ist es gelungen, die Bildung einer Vielzahl von Kranich-Arbeitsgruppen anzuregen und anlässlich von Tagungen und Fortbildungsveranstaltungen Menschen verschiedener Kontinente im Sinne des Kranichschutzes zusammenzuführen.

Wenn sich Kraniche im Landeanflug befinden, wölben sie ihre Flügel, um mit den so breiter werdenden „Tragflächen" besser abbremsen zu können. Wenn die Vögel mit sehr viel Schwung ankommen, schaukeln sie sich vor der Landung manchmal die Luft unter den Schwingen heraus. ▶

Bestandsschutz

Auf dem Gebiet des Artenschutzes ist in den letzten Jahrzehnten für den Erhalt und die Fortpflanzung von Kranichen viel erreicht worden. So stehen die Kraniche heute in Deutschland nicht mehr auf der Roten Liste der bedrohten Tierarten. Vor rund zwei Jahrzehnten sah das noch anders aus. Auch in anderen europäischen Ländern waren die Zahlen der Brutkraniche eher rückläufig. Umfangreiche Schutzmaßnahmen, die sich in erster Linie in der großflächigen Unterschutzstellung wichtiger Brut-, Futter- und Schlafplätze widerspiegelten, haben dazu geführt, dass sich die Bestände des Graukranichs inzwischen sehr gut entwickelt und erholt haben. Von 1978 bis 2013 ist der Brutbestand des Graukranichs in Deutschland von etwa 700 auf 8.000 Paare, in Mecklenburg-Vorpommern von etwa 350 auf etwa 4.000 Paare gestiegen. Damit gilt das nördliche Bundesland inzwischen nicht nur als Land der Kraniche, sondern auch als ein Reich von See-, Fisch- und Schreiadlern. Weil sich die Umwelt durch eine fortschreitende Bebauung sowie durch einen wachsenden Tourismus jedoch ständig verändert und dies in einem rasanten Tempo geschieht, müssen die Schutzbemühungen mit Blick auf den Kranich weitergeführt werden. Von besonderer Bedeutung sind hierbei einerseits der Schutz der Feuchtgebiete als Lebensraum der Kraniche – andererseits eine intensive und nachhaltige Umweltbildung. Das setzt jedoch ein großes Maß an Wissen über diese Vogelart voraus.

In Schweden hat sich der Bestand der Brutkraniche in den letzten Jahrzehnten nicht nur stabilisiert, sondern ist stetig gewachsen – insbesondere in Südschweden. In den 1980er Jahren wurden 12.500 Paare ermittelt – im Jahr 2000 waren es 15.000 bis 20.000 Kranichpaare, die in Schweden brüteten. Für das Jahr 2010 wurde von schwedischen Wissenschaftlern ein Bestand von etwa 30.000 Paaren ermittelt. Damit stieg der Brutbestand in Schweden in 30 Jahren um etwa das 2,4-fache, was deutlich unter der Bestandzunahme in Deutschland liegt.

Ursachen dafür finden sich im unterschiedlichen Reproduktionserfolg beziehungsweise Populationswachstum der Kraniche in Skandinavien und Osteuropa. Schwedische Wissenschaftler gehen seit 2013 sogar davon aus, dass der Populationsanstieg vor allem in einigen Regionen Südschwedens stagniert, während z.B. in Estland der Brutbestand von 1970 bis 2009 um das Dreiundzwanzigfache von 300 auf 7.000 Paare angestiegen ist.

Weitere europäische Länder, in denen es einen großen und stabilen Bestand an Kranichbrutpaaren gibt, sind Norwegen und Polen. Es ist davon auszugehen, dass in der großen nördlichen Rastregion an der Ostseeküste vor allem Kraniche aus Schweden rasten, während weiter im Süden – z.B. in der Müritzregion – mehr Vögel aus Osteuropa ihren Zug unterbrechen.

Kranichpaar im Hochzeitsduett: Das Männchen stimmt eine Rufreihe an, in die das Weibchen einstimmt. Damit bringen sich die Vögel in Stimmung, denn wenig später bietet sich die Henne mit breiten Flügeln und flacher Körperhaltung für die Kopula an. Der Hahn springt auf den Rücken des Weibchens und vollzieht die Paarung. ▶

Wissenschaftliche Erforschung

Intensive und umfassende Kenntnisse werden heute in erster Linie über die Ausstattung einzelner Tiere mit Farbringen und Funkpeilsendern gewonnen. Die Farbberingung von Kranichen mit einem Drei-Farben-Code erfolgte in Europa erstmals 1988 in Spanien. Aufgrund der guten Ableseergebnisse bei Wiederfunden löste dieses System schnell die parallel verwendeten farbigen alphanumerischen Ringe ab. Daher wurden schon in den frühen 1990er Jahren auch in anderen europäischen Ländern die Drei-Farben-Codes genutzt, deren einheitliche Verwendung auf den Tagungen der European Crane Working Group beschlossen wurde. Am linken Bein trägt der Kranich die Farbkombination des Landes – am rechten Bein eine Individualkombination, die aus sechs möglichen Farben zusammengestellt werden kann. Vögeln, die im Brutgebiet, in Frankreich oder in Israel markiert werden, bekommen die farbigen Plastikringe über dem Intertarsalgelenk (Kniegelenk) angebracht – jeweils drei Ringe an einem Bein. Neben der Farbmarkierung erhalten die Kraniche den Metallring der jeweiligen Beringungszentrale – in der Regel über dem rechten Fußgelenk.

Die Markierung von Vögeln hat sich somit zu einer unentbehrlichen Methode der ökologischen Freilandforschung entwickelt. Durch die Wiedererkennung individuell markierter Kraniche können zum Beispiel Daten über die Altersstruktur der Population, die Geschlechtsreife und die Überlebenswahrscheinlichkeit in dem betroffenen Raum ermittelt werden. Von besonderer Bedeutung für den angewandten Kranichschutz sind Daten zum Verhalten der Tiere und zur Ökologie. So ist z.B. heute bekannt, dass im Gebiet der Mecklenburgischen Seenplatte eines der bedeutendsten Brutgebiete für Kraniche in Deutschland liegt. Deutschland ist neben Estland das einzige Land innerhalb Europas, in dem die Besenderung von Kranichen gegenwärtig durchgeführt wird. Während die Beringung nur Zufallsdaten liefert, kann mit den Sendern erstmals das Verhalten der Kraniche gezielt erforscht werden. Dabei kommen Daten zusammen, die für einen effizienten Schutz der Vögel grundlegend sind. Dabei werden bestimmte Kranichpaare angepeilt. Alle fünf Minuten werden diese Werte aufgezeichnet, die später in einem Computerprogramm erfasst werden. Damit können die Biologen den kompletten Tagesablauf eines Kranichs verfolgen. Alle wichtigen Daten werden ausgewertet, um das Verhalten des Vogels erklären zu können und Erfahrungen zu sammeln. Nur so ist es möglich, Planungen in der Landschaft – unter anderem beim Bau neuer Straßen und Schienenwege – mit den Lebensraumansprüchen der Kraniche abzustimmen. Verläuft beispielsweise eine Straße zwischen Brutgebiet und Nahrungsflächen, sind die jungen Kraniche direkt gefährdet.

Neben der Zählung der Kraniche an den Schlafplätzen werden in Mecklenburg-Vorpommern verschiedene Forschungsprojekte geleistet. Inzwischen wurden hier über 800 Kraniche farbig beringt und 328 Tiere zusätzlich mit einem Peilsender für die Radiotelemetrie ausgestattet – koordiniert durch das Kranich-Informationszentrum Groß Mohrdorf und unterstützt durch die Umweltförderung der Deutschen Lufthansa sowie durch die Umweltverbände NABU und WWF. Die Ablesungen liefern neue Erkenntnisse zum Ansiedlungsverhalten, zur Brutorttreue, zum Zugverhalten und anderen Themen.

Kraniche werden mit Kunststoffringen markiert, die spezielle Farbkombinationen zeigen: Herkunftsland (linkes Bein) und Individualkennung (rechtes Bein). ▶

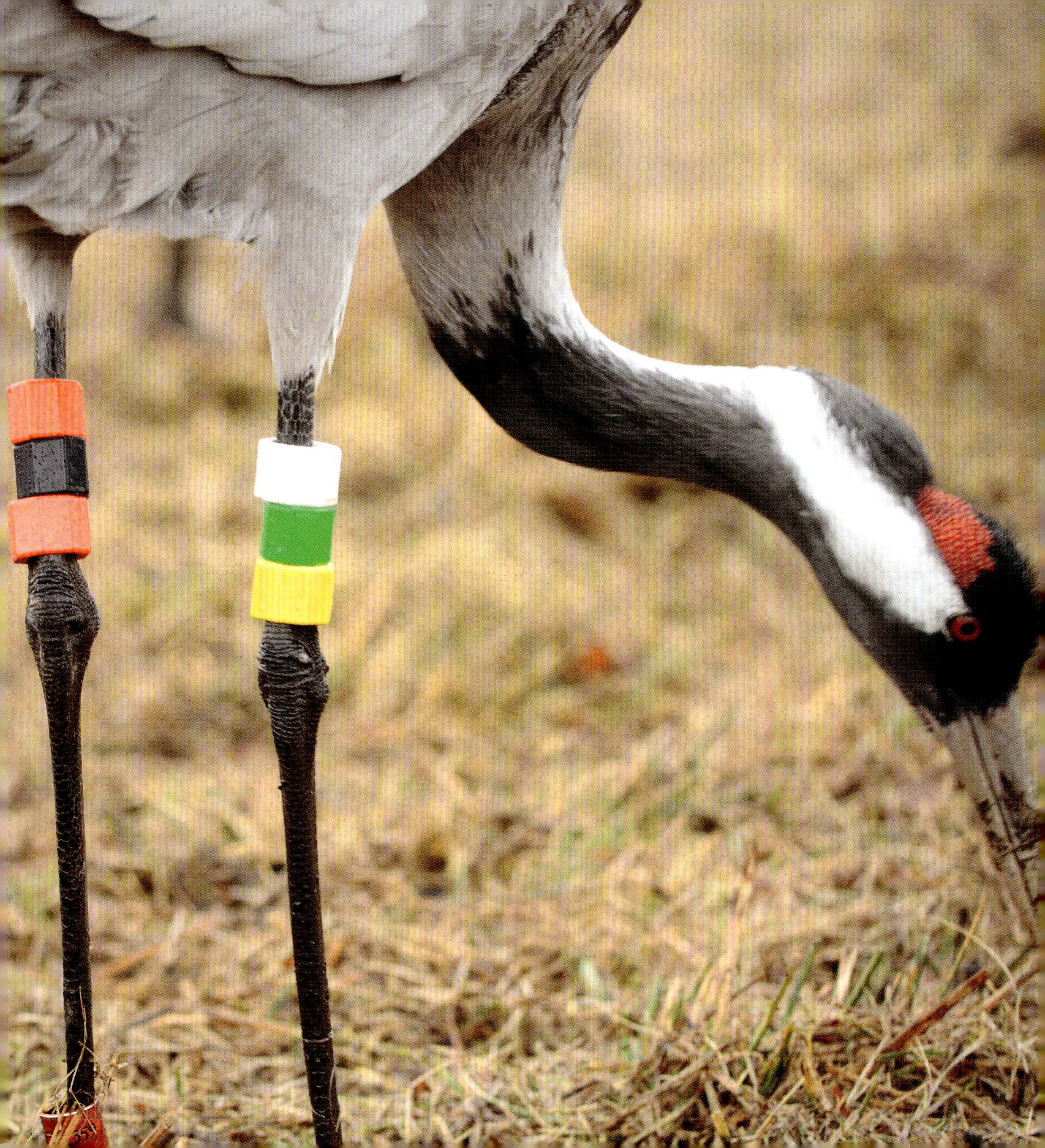

Erste Ergebnisse des Forschungsprojektes zeigen, dass Kraniche nicht so anpassungsfähig sind, wie angenommen wurde. Intensiv genutzte landwirtschaftliche Monokulturen zum Beispiel eignen sich nicht für die Aufzucht von Jungen, so dass die Kraniche ihr Revier von teilweise 25 Hektar auf 120 Hektar ausdehnen müssen. Die sehr scheuen Kraniche sind zudem an Feuchtgebiete gebunden. Nur in Regionen mit Flachwasser schlafen und nisten sie erfolgreich, denn hier finden sie für sich und ihr Gelege den Schutz gegen Füchse, Wildschweine und streunende Hunde.

Synchronzählungen

Die Zählung der Kraniche an den Schlafplätzen ist die sicherste und leichteste Methode, um alle durchziehenden und rastenden Vögel in Mecklenburg-Vorpommern zu erfassen. Denn Tagsüber stehen die Tiere weit verstreut im freien Gelände und sind dadurch nicht so leicht zählbar. Mecklenburg-Vorpommern besitzt als norddeutsches Flächenland einige der größten Land- und Wasserareale der Bundesrepublik.

Die Landschaften an Bodden und Meer sowie im Binnenland sind sehr abwechslungsreich gestaltet und unterliegen kleineren und größeren Höhenunterschieden, so dass nicht alle Aufenthaltsorte der Kraniche auf den Futterflächen für die Zähler einsehbar sind. Da die Kraniche jedoch mit einsetzender Dämmerung die Festlandbereiche verlassen, um im Flachwasser einen Schafplatz für die Nacht aufzusuchen, bietet sich an diesen exponierten Stellen eine ausgezeichnete Möglichkeit, die rastenden Kraniche zu erfassen.

Im Rahmen von Synchronzählungen, die an genau festgelegten Tagen in den frühen Morgenstunden vorgenommen werden, können die in kleineren und größeren Gruppen abfliegenden Kraniche genau gezählt und erfasst werden. Die einzelnen Zahlen an den 76 festen Schafplätzen in Mecklenburg-Vorpommern werden derzeit von 80 Mitarbeitern der Landesarbeitsgruppe Mecklenburg-Vorpommern von Kranichschutz Deutschland ermittelt. Die Zahlen werden im Kranich-Informationszentrum Groß Mohrdorf zentral erfasst und sowohl der Wissenschaft als auch der Öffentlichkeit zugänglich gemacht.

*

Kranichlandung im Schnee: Wie ein Doppeldecker streicht das Kranichpaar heran. Viele Vögel, die sich einmal verpaart haben, bleiben ein Leben lang zusammen. Dass dies jedoch nicht mehr uneingeschränkt für alle Kranichpaare gilt, haben neue wissenschaftliche Untersuchungen mit Peilsendern und GPS-Überwachung ergeben. Demnach kann es selbst bei Kranichpaaren, die seit vielen Jahren gemeinsam brüten und Junge aufziehen, noch zu Partnerwechseln innerhalb des Reviers kommen. ▶

Wenn Kraniche in den frühen Morgenstunden den Schlafplatz verlassen und zur Futterfläche fliegen, lassen derartig stimmungsvolle Momente das Herz eines jeden Naturfreundes und Vogelkundlers höher schlagen. Dafür lohnt sich das frühe Aufstehen. ▶▶

Alter
Graue Kraniche, die in freier Wildbahn leben, können 25 bis 30 Jahre alt werden. In Gefangenschaft haben sie sogar eine Lebenserwartung von 45 Jahren. Graukraniche erreichen im Alter von drei Jahren die Geschlechtsreife und tragen erst dann das Federkleid der Altvögel.

Aussehen
Erwachsene Graukraniche besitzen ein graues Gefieder mit schwarzen Schwungfedern. Die eleganten Schreitvögel haben eine Flügelspanne von 2,20 Meter, erreichen durch ihre langen Beine aufrecht stehend eine Körpergröße von 1,30 Meter und wiegen zwischen 4,5 und 7 Kilogramm. Kranichmännchen (Hähne) sind etwas größer und schwerer als die Weibchen (Hennen). Charakteristisch für Altkraniche sind neben dem grauen Gefieder auch die Schleppe – auffällige Schmuckfedern am Körperende – sowie die schwarz-weiße Kopf- und Halszeichnung und die federlose, rote Kopfplatte. Jungkraniche sind überwiegend braun gefärbt, besitzen einen zimtfarbenen Kopf und eine orangefarbene Schnabelbasis.

Bestand
Vor rund zwei Jahrzehnten galt der Graukranich in vielen europäischen Ländern als Problemvogel – die Population war rückläufig. Dank intensiver Schutzmaßnahmen haben sich die Bestände in den wichtigsten europäischen Brutländern wieder erholt. Gab es vor dem Einsetzen dieser Erfolgsgeschichte des Artenschutzes in Deutschland nur noch 1.000 Brutpaare, sind es heute wieder 8.000 Kranichpaare, die in Deutschland brüten. Damit konnte der Kranich hierzulande von der Roten Liste der bedrohten Tierarten gestrichen werden.

Brutrevier
Graukraniche sind standorttreu und kehren immer wieder zum gleichen Brutplatz zurück. Wenn die Vögel das Brutrevier im zeitigen Frühjahr erreicht haben, setzen sie die bereits auf dem Frühjahrzug begonnen Paarungen fort, führen ihre Balz- und Hochzeitstänze auf, richten das alte Nest her oder bauen eine neue Brutstätte. Eine frühe Ankunft des Kranichpaares im Brutrevier ist oft vorteilhaft, obwohl es nicht selten vorkommt, dass ein brütender Kranich einschneit oder dass eine sehr früh begonnene Brut wegen eines anhaltenden Kälteeinbruchs aufgegeben wird.

Dauerehe
Lange Zeit gingen Wissenschaftler davon aus, dass Graukraniche, die sich einmal verpaart haben, ein Leben lang zusammenbleiben – also in Dauerehe beziehungsweise monogam leben. Neueste Erkenntnisse durch den Einsatz von Farbringen und Peilsendern haben jedoch ergeben, dass es bei Kranichen durchaus zu Partnerwechsel kommen kann – auch nach mehreren Jahren des Zusammenlebens sowie gemeinsamer Brut- und Jungenaufzucht.

Eier
Graukraniche legen in der Regel zwei oliv- bis rötlichgraue Eier mit graubraunen oder rötlichbraunen Flecken. Kraniche, die im deutschen Küsten- und Binnenland brüten, beginnen bereits im März mit der Brut – Kraniche im hohen Norden erst im Mai. Kraniche beginnen gleich nach der Ablage des ersten Eies zu brüten. Die durchschnittliche Brutdauer beträgt 30 bis 32 Tage. Beide Eltern brüten und füttern die Jungen.

Gefiederpflege im Schneetreiben. ▶

Fliegen
Graukraniche sind elegante Flieger, die in der Luft mühelos unterwegs sind. Einigen wenigen kurzen Flügelschlägen folgen meistens ausgedehnte Gleitphasen, bei denen der Kranich durch die Verlagerung des Körpergewichtes und mithilfe seines kurzen Schwanzes steuert. Der Flug dieser Vögel ist langsam und bedächtig. Dabei wird der lange Hals – anders als bei Reihern oder Pelikanen – ausgestreckt nach vorn gehalten. Hinzu kommen die langen Beine des Kranichs, die weit über das Körperende hinaus ragen. Während des Zuges fliegen Graukraniche in 800 bis 1.000 Metern Höhe und erreichen Geschwindigkeiten zwischen 60 und 80 Kilometern in der Stunde.

Gattung
Zur Ordnung der Kranichvögel (Gruiformes) gehören die Familien der Rallen (Rallidae), der Trappen (Otididae) und Kraniche (Gruidae). Es sind kleine bis große Vögel, die schreiten, laufen oder schwimmen. Alle Kranichvögel sind Nestflüchter. Zur Familie der Kraniche gehören 15 Arten, die weltweit – mit Ausnahme Südamerikas und der Antarktis – auf allen Kontinenten verbreitet sind. Die Gattung Grus aber, der die Taxonomen heute zehn Arten zuordnen, ist in Ostasien am weitesten verbreitet. Von den 15 Kranicharten sind elf durch den Menschen bedroht – sei es durch die Ausplünderung der irdischen Ressourcen, durch die Zerstörung von Lebensräumen und den Wegfall von Brutgebieten und Schlafplätzen sowie durch den Raubbau am frischen, reinen Süßwasser.

Kraniche
Von den weltweit 15 Kranicharten brüten 14 in Nordamerika und der Alten Welt, eine Art brütet in Europa, eine andere ist ein seltener Gast. Kraniche sind große, langhalsige, langbeinige Landvögel mit kräftigem, geraden Schnabel, breiten Flügeln und verlängerten Ellenbogenfedern. Trotz oberflächlicher Ähnlichkeit sind Kraniche nicht mit Reihern und Störchen verwandt.

Lebensraum
Graukraniche leben in einer abwechslungsreichen Landschaft, die einerseits vielfältige Nahrungsgrundlagen bietet, andererseits ruhig und abgeschieden liegt. Das gilt insbesondere für die heimlichen Brutgebiete dieser Schreitvögel. Kraniche brüten in offenen Sümpfen, moorigen Heiden sowie auf Lichtungen in Sumpfwäldern. Die Vögel überwintern auf freier Ackerfläche, in Sümpfen, Steppen und Lagunen.

Mythologie
Ziehende Kraniche machen sich seit jeher mit ihren lauten Trompetenrufen bemerkbar. Nach ihnen wurden Ortschaften und Landmarken benannt. Sie haben auf vielfältige Art Eingang in die Sagen- und Märchenwelt sowie in die Mythologie gefunden und bereichern seit vielen Jahrzehnten die Literatur und bildende Kunst. Sie haben sich weltweit in die Herzen der Menschen getanzt, gesprungen, gesungen und genießen eine besondere Verehrung.

Nahrung
Die Nahrung des Grauen Kranichs ist außerordentlich vielseitig und umfasst eine breite Palette pflanzlicher und tierischer Partikel. Diese Vielseitigkeit fördert die Anpassungsfähigkeit an die unterschiedlichen Bedingungen der Brut-, Rast- und Überwinterungsgebiete. Die pflanzliche Nahrung besteht einerseits aus energiereichen Früchten wie Getreide (Mais, Weizen, Gerste, Roggen, Hafer, Reis) und Hülsenfrüchten (Bohnen, Erbsen) – andererseits aus Kartoffeln, Eicheln, Sojabohnen, Erdnüssen, Knollen und Zwiebeln. Als tierische Nahrung dienen Insekten und deren Larven (Spinnen, Grillen, Libellen) sowie Regenwürmer und kleinere Wirbeltiere (Fische, Frösche, Eidechsen, Mäuse).

Nest
Das Nest des Kranichs, das eine schwach angedeutete Bodenmulde besitzt, wird von den Vögeln in schwer zugänglichen Feuchtgebieten wie Sümpfen, Mooren und vernässten Erlenbruchwäldern als teils schwimmende, teils feste Konstruktion auf trockenen Untergründen aus Wasserpflanzen errichtet. Das Nest kann bis zu 60 Zentimeter hoch und einen Meter breit sein.

Rastplätze
Im Flug zwischen den Brut- und Überwinterungsgebieten überqueren die „Vögel des Glücks" mehrere Länder und nutzen dabei viele Rastplätze. Die wichtigsten liegen in Schweden, Deutschland, Frankreich und Spanien. Hier fressen und ruhen die Vögel zwischen den einzelnen Flugetappen. Die Rastplätze, die den Grauen Kranichen neben geeigneten Nahrungsflächen auch ruhige Schlafplätze in Flachwasserzonen stehender Gewässer bieten, werden mit Blick auf die langen Zugwege der Kraniche auch als wichtige Trittsteine auf der weiten Reise quer durch Europa bezeichnet.

Schmalfrontzieher
Mit Blick auf ihre vielfältigen Wissens- und Themengebiete bietet die Ornithologie – also die Vogelkunde – ein ganzes Arsenal an umständlichen, steifen und manchmal auch komischen Fachbegriffen und Formulierungen. Da sich die Grauen Kraniche bei ihren Wanderungen durch Schweden, Deutschland, Frankreich und Spanien auf einem 200 Kilometer breiten Zugkorridor bewegen, sprechen die Fachleute mit Blick auf die Kraniche von „Schmalfrontziehern". Alle Ortschaften in Europa, die in diesem rund 200 Kilometer breiten Zugkorridor liegen, sind in besonderer Weise begünstigt, denn sie können den besonderen Seh- und Hörgenuss in Sachen Grauer Kranich bieten.

Stimme
Graukraniche sind bei ihren Flugmanövern während des Zuges immer als laute, viel rufende Vogelschar unterwegs. Die so genannten Stimmfühlungsrufe sind wichtig, damit die Familien – bestehend aus Altkranichen und Jungvögeln – nicht voneinander getrennt werden. Die Vögel erkennen sich an der Stimme und setzen diese für den Zusammenhalt bei allen Flugmanövern ein. Altkraniche lassen oftmals ein schmetterndes Trompeten hören, während Jungvögel nur ein Piepsen von sich geben können. Ihnen fehlen die langen Schleifen der Luftröhre, die das laute Trompeten der Altvögel erst möglich machen. Der Warnlaut des Graukranichs ist ein gedämpftes Knurren.

Verbreitung

Die Brutreviere des Graukranichs erstrecken sich über ganz Nordeuropa und Sibirien bis in den Fernen Osten Russlands sowie nach Japan und Mittelasien, weshalb die Fachwelt diese Kranichart auch als „Eurasischen Kranich“ bezeichnet. Im Vergleich zu seinen selteneren Verwandten kommt der Graue Kranich zwar relativ häufig vor, aber auch seine Zahlen gingen vor rund 20 Jahren in vielen Teilen des Verbreitungsgebietes zurück. Europäische Kraniche überwintern in Frankreich und Spanien. Weit nördlich beheimatete Kraniche aus Finnland überwintern in Nordostafrika.

Wandmalereien

Unter den zahlreichen, regional unterschiedlichen Namen hielt der Graue Kranich in der europäischen Kunst bereits sehr früh Einzug – mindestens schon vor ca. 6.000 Jahren auf den Wandmalereien in den Höhlen am Tajo und am Segura in Spanien. Seit vielen Jahrhunderten schmücken Graukraniche zahllose Bücher und Gemälde, Gobelins und Keramiken in Europa und noch weit darüber hinaus.

Wächterkranich

Manchmal ist der Graukranich auf einem Bein stehend dargestellt, in der anderen Klaue hält er einen Stein: Der Vogel hält Wache und falls er einnickt, wacht er wieder auf, wenn der Stein ins Wasser fällt.

Zug

Kraniche ziehen in Verbänden in V- und Linienformation. Dabei hat der voraus fliegende Vogel den größten Luftwiderstand zu brechen – alle anderen Vögel reihen sich im jeweiligen Windschatten des vor ihm fliegenden Vogels auf. Ist der voraus fliegende Vogel ermattet, übernimmt ein anderer Altkranich die Führung. Mit dieser Methode, die beispielsweise auch von Wildgänsen angewendet wird, sind Zugvögel in der Lage, selbst größere Entfernungen im Nonstop-Flug zurückzulegen.

Zugwege

Kraniche aus Skandinavien, Osteuropa und Deutschland fliegen auf dem Westeuropäischen Zugweg in die Winterquartiere nach Frankreich und Spanien. Extrem nördliche lebende Kraniche aus Finnland erreichen über den baltisch-ungarischen Zugweg das Baltikum, Ungarn und die Türkei das Winterquartier im Nordosten Afrikas.

Bis Jungkraniche (links) geschlechtsreif und voll ausgefärbt sind, vergehen drei Jahre. Dann sehen die Vögel aus wie Altkraniche (rechts) und suchen sich ein eigenes Revier. Der Jungkranich auf dem nebenstehend abgebildeten Foto trägt das Gefieder eines subadulten Vogels – also das Federkleid eines Kranichs, der in der Übergangsphase vom Jugend- zum Alterskleid steht. ▶

Erwachsene Vögel des Europäisch-Asiatischen Kranichs tragen ein überwiegend grau gefärbtes Gefieder – daher auch die Namen Graukranich und Grauer Kranich. Aus der Nähe betrachtet, sind besonders der Federschmuck der Schleppe sowie die federlose, rote Kopfplatte auffällig. ▶▶

Weiterführende Literatur / Literaturquellen

Dirks, Hermann & Günter Nowald:
Kranich Begegnungen Kranichwelten
NATURBLICK
Peter ScherbukVerlag, Düsseldorf 2006

Kranichschutz Deutschland: Ornithologischer Rundbrief für Mecklenburg-Vorpommern (Band 48): Kraniche in Mecklenburg-Vorpommern
Ornithologische Arbeitsgemeinschaft Mecklenburg-Vorpommern,
Groß Woltersdorf 2014

Matthiessen, Peter: Die Könige der Lüfte – Reisen mit Kranichen
Carl Hanser Verlag, München 2001

Nestmann, Rico: Kranichrastplatz Ostseeküste /
Verlag NESTMANN's FOTO, Lancken/Rügen 2011

Nestmann, Rico: Vögel der Ostsee /
Demmler Verlag, Ribnitz-Damgarten 2012

Nestmann, Rico: Tiere der Ostsee /
Demmler Verlag, Ribnitz-Damgarten 2014

Nowald, Günter: Kraniche – Vögel des Glücks
Kranichschutz Deutschland gGmbH,
Groß Mohrdorf 2013

Prange, Hartwig: Der Graue Kranich /
Die Neue Brehm-Bücherei 299
Ziemsen Verlag, Wittenberg Lutherstadt 1989

Reich, Jürgen: Ein Kranichjahr in Mecklenburg-Vorpommern
Hinstorff Verlag, Rostock 2005

Treuenfeld, Carl-Albrecht: Kraniche – Vögel des Glücks
Edition maritim, Hamburg 1998

Treuenfels, Carl-Albrecht: Zauber der Kraniche
Knesebeck Verlag, München 2005

Wichtige Adressen

Kranich-Informationszentrum
Lindenstraße 27, 18445 Groß Mohrdorf
✆ 03 83 23 – 8 05 40
www.kraniche.de

Deutsches Meeresmuseum
Katharinenberg 14 – 20, 18439 Stralsund
✆ 0 38 31 – 2 65 02 10
www.meeresmuseum.de

WWF Deutschland
Fachbereich Meere und Küsten
WWF-Projektbüro Ostsee
Knieperwall 1, 18439 Stralsund
✆ 0 38 31 – 29 70 18
www.wwf.de

Nationalparkamt Vorpommern
Im Forst 5, 18375 Born auf dem Darß
✆ 03 82 34 – 50 20
www.nationalpark-vorpommersche-boddenlandschaft.de

www.icora.de

Über den Autor

www.nestmanns-foto.de

Rico Nestmann (45) ist Mitglied der Gesellschaft Deutscher Tierfotografen (GDT), der Ornithologischen Arbeitsgemeinschaft Mecklenburg-Vorpommern (OAMV) sowie von Kranichschutz Deutschland (Landesarbeitsgruppe Mecklenburg-Vorpommern). Auf den Rügener Halbinseln Wittow und Jasmund betreut der renommierte Naturfotograf und vielfache Buchautor zwei Kranichschlafplätze.

Seit seinem 13. Lebensjahr beschäftigt sich Rico Nestmann mit der Ornithologie. In den vielen Jahren seiner Tätigkeit als Vogelkundler wirkte er bei zahlreichen Beobachtungs-, Zähl- und Beringungsprojekten an Bodden und Ostsee mit. Er griff zu Fotokamera und Schreibblock, baute Verstecke und Ansitze in freier Natur, verfasste erste Beiträge für Tageszeitungen und Magazine. Viele Jahre verbrachte er auf Vogelinseln – lebte und arbeitete dort als Vogelwärter und Tierfotograf.

Rico Nestmann, der auf der Ostseeinsel Rügen geboren und aufgewachsen ist, lebt und arbeitet noch heute dort. Längst hat er seine Liebe für die heimische Natur zum Beruf gemacht – ist seit Mai 1996 freischaffender Naturfotograf, Schriftsteller und Journalist. Themenschwerpunkte seiner Arbeiten sind die Tier- und Naturfotografie sowie Publikationen über die heimische Natur. Einschließlich der neuen Bildbände „Kraniche – Graue Tänzer an Bodden und Meer“ und „Rügen – Tierwelten“ aus der Küstenbücher-Reihe des Demmler Verlages veröffentlichte Rico Nestmann bisher 19 Bücher in sieben Verlagen (1998 bis 2015) – darunter auch ein Buch über Weißstörche in Dänemark.

Hinzu kommen zahlreiche Kalender, Kunstpostkarten-Editionen sowie zahllose Beiträge für regional und überregional erscheinende Printmedien. Fernseh- und Rundfunksender aus nah und fern berichten regelmäßig über die Arbeit des Insulaners, der sich in der Öffentlichkeit außerdem mit Ausstellungen, Vorträgen und Lesungen präsentiert.

Inzwischen legendär und europaweit bekannt sind Rico Nestmanns Bücher über Seeadler und Kraniche. Nach seinen phantastischen Bildbänden „Vögel der Ostsee“ und „Tiere der Ostsee“, die 2012 und 2014 im Demmler Verlag erschienen, legt der Rüganer mit dem neuen Titel „Kraniche“ ein Buch der besonderen Art vor. Dem Bildband gingen ungezählte Ansitzstunden und Fotoprojekte in freier Natur in vier europäischen Ländern voraus. In seinem neuen Werk wird nicht nur das innige Verhältnis des Insulaners zu den Schönheiten der Natur und seinen einzigartigen Geschöpfen deutlich, sondern in besonderer Weise auch zu den wundervollen Kranichen.

Internationale Farbberingung von Kranichen in Europa

Kraniche tragen am linken Bein die Farbkombination des Landes – am rechten Bein eine Individualkombination, die aus sechs möglichen Farben zusammengestellt werden kann. Insgesamt tragen farbig markierte Kraniche sechs Plastikringe über den Kniegelenken – drei am linken und drei am rechten Bein. Das Ablesen und Notieren der Ringe erfolgt erst am linken und dann am rechten Bein – jeweils von oben nach unten. Neben der Farbmarkierung erhalten Kraniche einen Metallring der jeweiligen Beringungszentrale – in der Regel über dem rechten Fußgelenk.

Die Farbberingung von Kranichen mit einem Drei-Farben-Code erfolgte in Europa erstmals 1988 in Spanien. Aufgrund der guten Ableseergebnisse bei Wiederfunden löste dieses System schnell die parallel verwendeten farbigen alphanumerischen Ringe ab. Daher wurden schon in den frühen 1990er Jahren auch in anderen europäischen Ländern die Drei-Farben-Codes genutzt, deren einheitliche Verwendung auf den Tagungen der European Crane Working Group (ECWG) beschlossen wurde.

Meldungen von Ringablesungen unter
www.icora.de

Kranichschutz Deutschland

EUROPEAN CRANE
working group